本研究得到同济大学建筑设计研究院（集团）有限公司重点项目研发基金，高密度人居环境生态与节能教育部重点实验室自主与开放课题《基于材料综合性能的室内环境综合评测系统研究》、《基于疗效评估的医疗空间内部环境设计研究》（课题编号：2015KY02）的支持。
Support from key project research funding of Tongji Architectural Design (Group) Co., Ltd. and Key Laboratory of Ecology and Energy-saving Study of Dense Habitat (Tongji University),Ministry of Education . (Grant No.x2015KY02) is acknowledged.

BIM 室内设计方法
BIM-based interior design methods

U0210771

尤逸南　黄平　陈易　著

中国建筑工业出版社

图书在版编目(CIP)数据

BIM室内设计方法/尤逸南，黄平，陈易著.—北京：中国建筑工业出版社，2015.12

ISBN 978-7-112-18923-6

Ⅰ.①B⋯ Ⅱ.①尤⋯②黄⋯③陈⋯ Ⅲ.①室内装饰设计-计算机辅助设计-应用软件 Ⅳ.①TU238-39

中国版本图书馆CIP数据核字（2015）第319767号

责任编辑：朱象清　杨　晓
责任校对：陈晶晶　刘　钰

BIM 室内设计方法

尤逸南　黄平　陈易　著
　　＊
中国建筑工业出版社出版、发行（北京西郊百万庄）
各地新华书店、建筑书店经销
北京京点图文设计有限公司制版
北京云浩印刷有限责任公司印刷
　　＊
开本：787×1092毫米　横1/16　印张：10¾　字数：245千字
2015年12月第一版　2015年12月第一次印刷
定价：**38.00**元
ISBN 978-7-112-18923-6
　　（28175）

Introduction

本书是"BIM 室内设计丛书"的前导和概论。本书首先阐述了 BIM 室内设计对于缩短设计周期、降低设计成本、提高设计师工作效率、提升项目设计品质、增强设计企业与独立设计师的核心竞争力、改善设计企业效益等方面的重要作用与深远意义；进而，书中结合性能化设计、精益设计、产业链整合设计、全生命周期设计建造一体化、模块化智造等新理念和新方法，详尽分析了 BIM 室内设计方法与操作要点，以及目前 BIM 应用存在的误区与应对策略；然后，结合 BIM 室内设计案例，具体介绍了 BIM 室内设计不同层次应用的内容、步骤与方法。

本书图文并茂，论述科学、系统、生动且案例丰富，具有很强的实用性。

本书可作为室内设计行业技术人员、管理人员的BIM实践工具书，室内设计、建筑学、环境设计等专业的教材或教学参考书。

Serves as a guide and introduction of the BIM-based Interior Design Series, this book describes the important role BIM plays on interior design as it shortens design cycles, reduces design costs, improves designer productivity, improves project design quality, enhances the core competitiveness of enterprises and independent designers, and improves business efficiency and other aspects of the design. Furthermore, the book provides a detailed analysis of the BIM interior design process by means of new design approaches such as performance-based design, lean design, supply chain integration, integrated project delivery and modularization. It also identifies the current BIM application misunderstanding and countermeasures. Then, through specific design case studies, the book details the contents, procedures and methods of different levels of application of BIM for interior design.

Book contains illustrations, scientific and systematic discussions, vivid examples, and is highly practical.

This book can be used by interior designers, interior architects, environmental designers, and building and construction industry Professionals as a BIM practice tool, and is useful as professional teaching material and reference for interior design, architecture, environmental design students.

目录 |

1 BIM 室内设计的意义

精益设计

精益设计的核心，是以越来越少的投入——较少的人力、较少的设备、较短的时间和较小的场地创造出尽可能多的价值；同时也越来越接近用户，提供他们确实需要的东西。

精确地定义价值是精益设计关键性的第一步；确定产品和服务的全部价值流是精益设计的第二步；紧接着就是要使保留下来的、创造价值的各个步骤流动起来，使传统的设计生产完成时间由几个月或几周减少到几天或几分钟；随后及时跟上不断变化着的顾客需求，按用户需要拉动产品和服务。

"现今的建筑设计，可以拿车辆设计比喻，车辆之中有各种用途的车辆，功能、方便、安全、舒适、美观、耐用、省能源、经济等因素都是它的基本要求条件。车辆的外型，尤其是汽车的外型，并不仅成立于美观的条件要求之下，它必须满足汽车的性能结构、安全性、低风阻等条件，或由这些条件相互配合之下设计而成。汽车的外型不算是艺术，只是众多重要条件之一，唯有当汽车的各项要求条件发挥得淋漓尽致时，才算是艺术。这里所指的艺术，不是指它的外型之美，而是指技术的高度纯熟。汽车如此，建筑更是如此。"

——《建筑的澄思》，崔征国，1991

BIM 究竟是什么　　BIM 说到底，就是用造汽车的方式造房子。说得再准确一些，BIM 就是用丰田生产方式 (TPS, Toyota Production System) 亦即精益生产 (LP, Lean Poduction) 模式实现精益建造 (LC, Lean Construction)。同产品信息管理 (PIM, Product Information Management) 是实现制造业产品生命周期管理 (PLM, Product Lifecycle Management) 的利器一样，BIM 是通过建筑信息管理 (Building Information Management) 实现建筑生命周期管理 (BLM, Building Lifecycle Management)

的绝好方法。

行业发展　　从行业发展的角度看，BIM 室内设计本质上就是以信息技术改造传统制造业，使行业走上新型工业化道路。BIM 应用将推动并加速行业完成从手工制造为主向先进制造为主的产业转型。

作为 PIM 内核的产品生命周期管理已经在航空航天业、汽车制造业、电子制造业等先进制造业被证明有效提高了生产效率和产

精益设计并非某种标准程序，而是一种能够实现事半功倍的工作哲学。要做到精益，就需要对工作流程运用整体分析的方法进行改进。需要一开始就以精益思想对产品建立一系列标准并且借鉴其他行业的技术。

精益设计之所以成功的三大要素：

第一，综合团队；

第二，在设计阶段即着眼于下游企业行为的能力——从供应商到维护再到更新；

第三，也是最重要的，是开放的心态。

精益设计重要概念：

——熟知价值是如何产生的；

——从用户的角度鉴别价值；

——在工作流程中实现同步消除浪费；

——实现拉动模式做到信息的零库存；

——追求完美，必须持续改进。

精益设计能……

——减少浪费；

——提高效率；

——提高预见性；

——提高用户满意率；

——通过团队努力来保证设计进度。

精益设计需要……

——改变设计文化。

"其实问题的关键并不在于这类比较本身，而在于像建筑业这样一个在全球化竞争压力下疲惫不堪的制造业能否吸收新的知识和方法，走出一条以前想都不敢想的路子来。是否能像造汽车一样造建筑并不重要，重要的是建筑业也可以通过反思其交付过程中的根本性问题从而实现自我完善。……建筑师只有积极融入设计和建造一体化的过程，才能在新的建筑业格局中继续担任重要的角色。"

"建筑业必须形成精益建造过程以确保作任何决定时都把用户的需要放在首位，而不是把建造的条件限制和建造者的需要凌驾于用户之上。这就需要对体现附加到最终产品上的增值的价值流进行严格的审查，这些都意味着更多人力的投入和更全面的个人能力，并且还要抛弃那些对大规模生产所抱有的成见。"

——《建筑师与变革中的建筑业》，英国皇家建筑师学会，2000

品品质，并促进了这些行业的发展。

而在建筑业，虽然是否能用造汽车的方式造房子一直存在争议，但诸如诺曼·福斯特、理查德·罗杰斯、弗兰克·盖里等先行者的实践，英国"重思建筑运动"示范项目的成功，当前北美地区日益成熟的 BIM 应用等已为业界提供了令人信服的证据。因此，BIM 应用推进行业的转型与发展是未来的大势所趋。

业主和投资方　对于业主和投资方来说，建筑生命周期管理带来的跨学科团队并行设计，使设计过程透明化、项目参与方之间的沟通更顺畅，使全面、理性、科学的决策成为可能。

借助 BIM 应用，可以实现需求分析与方案设计一体化对应，有助于避免设计方案的盲目性。

而借助 BIM 应用的自动算量算价功能，可以实现项目早期阶段的成本估算，使得业主和投资方可以就项目尽早做出关键决策。

"在过去的伟大时代里，建筑师是'手工艺师傅'或'建造师傅'，在那个时代的整个施工过程中起了一种非常突出的作用。但在从手工艺向工业的转化中，建筑师不再处于支配地位。今天，建筑师不是'建筑工业的师傅'。最优秀的工匠们（已进入工业、工具制造、试验和研究领域）抛弃了建筑师，建筑师依然孤独地坐在他那不合时宜的砖堆上，可悲的是，他还没有意识到产业化的巨大影响。建筑师处于一种真正的危险之中，在与工程师、科学家和建造者的竞赛中，他有可能失去主动，除非他调整态度，着眼于适应新的形势。

现在实行的是建筑设计和建筑施工完全分离，如果和过去伟大时期中的建造方法加以比较的话，似乎全是人为的。我们已远远脱离了原先的、自然的方法，当时概念和建筑物的实现是一个不可分的过程，而建筑师和建造者乃是一体，是同一个人。未来的建筑师，如果他想再次达到顶峰的话，将受到事物趋向的逼迫，再一次进一步接近建筑生产。如果他要和工程师、科学家和建造者一起，建立一支紧密合作的队伍，那么设计、施工和经济又会变成一个统一体，熔艺术、科学和商业为一炉……。"

——美国建筑师协会芝加哥会议，沃尔特·格罗皮乌斯，1952

并行工程

并行工程是集成地、并行地设计产品及其零部件和相关各种过程的一种系统方法。这种方法要求产品开发人员与其他人员一起共同工作，在设计一开始就考虑产品整个生命周期中从概念形成到产品报废处理的所有因素，包括质量、成本、进度计划和用户的要求。

并行工程是具备高度预见性和预防性的设计方法。正是基于这种预见性，现代设计才能做到"运筹于帷幄之中，决胜于千里之外"。

在项目开展过程中，BIM 应用使项目信息交流更准确、有效，从而大幅减少现场变更，工期不再由于返工而延迟。

而这些都有助于提升项目品质，有效缩短设计周期，并降低设计成本，最终业主对项目的满意度也会相应提高。

行业从业人员 对于行业内从业人员来说，BIM 可以作为实践精益设计的绝好平台。借助这一平台，白领（设计师、工程师和其他专业人士）的工作效率将得到大幅提高，设计师与设计企业的生产力和核心竞争力随之提升。设计企业可以承接更多业务，并能够更快、更准确地向客户交付质量更高的项目。最终，设计企业的效益也会明显改善。

在此基础上，设计企业还可以借力 BIM 实现 IPD（即集成项目交付）或交钥匙工程，实现设计模式与赢利模式的转变，形成差异化服务，为未来的工程服务业竞争开辟新的机遇。

同时，行业内蓝领的生产方式也将逐步

并行工程的好处包括：
· 减少 30% 到 70% 产品开发时间；
· 减少 65% 到 90% 的工程变更；
· 减少 20% 到 90% 产品上市时间；
· 而产品质量提高 200% 到 600%；
· 且白领的生产能力提高 20% 到 110%。

建筑生命周期管理

根据普华永道的研究报告，建筑生命周期管理（BLM）技术的应用，可使工程项目总体周期缩短5%，其中沟通交流时间节省30%~60%，信息搜索时间节省达到50%，显著加快工程信息交流过程，节约了工程成本。而美国独立调查机构 Counsel House Research，已将 BLM 技术称为"改进建筑设计、建造、管理流程的重要推动力量"。

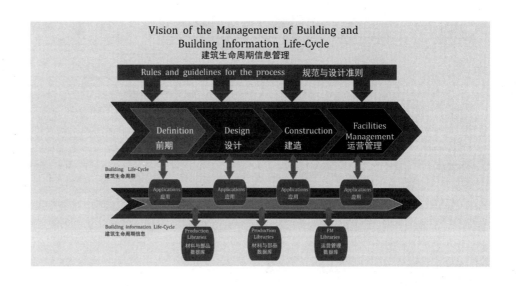

建筑生命周期管理的关键要素有：

（1）为施工和使用而设计；

（2）用产值和产品性能来证明；

（3）业主和用户也要参与进来：而不仅是技术人员／招标采购人员；

（4）设计／施工／维护和团队一体化；

（5）制定基于信息反馈的检查过程；

（6）保持团队正常运转、合作。

由流动性强的现场施工作业为主转变为工厂预制为主，这样，蓝领工人的工作环境将得到根本性的改观。

首先，施工现场伤亡事故，由粉尘、有害气体等引起的职业病等都会大幅下降。

其次，蓝领的再教育与技术培训将更有保障，其子女的受教育水平也会随之得到更有效的保障。

这一方面有利于蓝领综合素质和生产积极性的提高，进而有助于行业生产品质与效率的提升。另一方面保障了蓝领的福利及其家庭稳定，有助于社会平等与可持续。

使用者　对室内环境的使用者来说，BIM应用为其参与设计过程提供了莫大的便利。

BIM室内设计提供的可视化设计方式，扫除了识图、专业术语等使用者参与设计道路上的障碍，使后者可以从容地切入从前期到设计乃至实施、运营的全过程，从而让面向使用者需求的更高品质的室内设计成为可能。

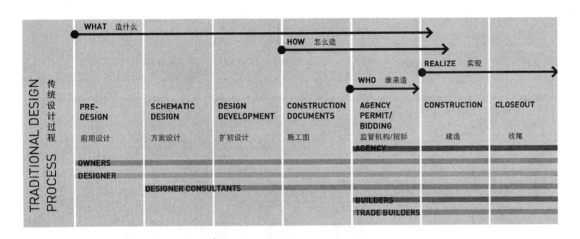

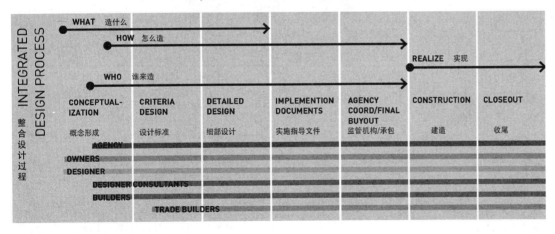

集成项目交付

集成项目交付 (IPD) 的定义是：在一个项目中集合人力资源、工程体系、商业结构和实践等各方面因素，通过有效协作来利用所有参与方的智慧和洞察力，从而优化各个项目阶段，减少浪费的项目交付模式。

IPD 包含精益与合作的理念，与传统项目交付模式相比，具有团队的协作与信任度较高、新型的多方关系合同、风险共担和收益共享机制、设计与管理信息高效传递等优越性。

伴随社会经济的发展建设项目数量逐年增长，业主对项目的要求越来越高，使得项目本身复杂程度随之增加，而传统项目交付模式在项目建设过程中出现诸多问题与弊端影响工程项目的可持续发展。

传统设计方法与集成项目交付比较图
（图表来源：美国建筑师协会芝加哥分会）

国内外 BIM 发展动态：

· 1999 年 ~2003 年，美国总务署（GSA）推出了 BIM 计划，要求从 2007 年起，所有大型项目招投标都需要应用 BIM；

· 2006 年 10 月，美国陆军工程兵团（USACE）发布了 BIM 发展规划，承诺未来所有军事建筑项目都将使用 BIM 技术；

· 2012 年，美国麦格劳—希尔公司（McGraw-Hill）调研报告预计 2014 年北美 90% 以上建筑设计事务所将采用基于 BIM 的设计；

· 2014 年 1 月 15 日，欧洲议会通过了在所有公共建设招投标中应用 BIM 的决议，要求所有 28 个欧盟成员国在 2016 年达标；

· 2014 年 10 月《上海市推进 BIM 技术应用指导意见》发布，要求到 2017 年，规模以上政府投资工程全部应用 BIM 技术，规模以上社会投资工程普遍应用 BIM 技术。

BIM 与传统 CAD 的具体工作模式对比表

方法	性质	核心	出发点	周期	表达方式	设计过程	导向	生产方式
BIM	基于知识	数据库	品质性能、可持续	生命周期	清晰表达	并行	用户导向	模块化预制
传统 CAD	基于形式	矢量图形	形式、空间、组合、视觉效果	某一阶段	难以传达	串行	专业导向	现场手工作业

结论　综上所述，就室内设计本身而言，BIM 应用对于缩短设计周期、降低设计成本、提高设计师工作效率、提升项目品质、增强设计企业与独立设计师的核心竞争力、改善设计企业效益等方面，具有重要作用与深远意义。

而从更大的范围看，BIM 室内设计推动行业增长方式的转变、改善从业人员及其家属子女的福利，对于经济、社会的可持续发展，有着重要的意义。

基于 BIM 的集约化设计生产方式融设计与管理为一体。其全生命周期的视野既有利于材料的有效利用与回收，也有利于节能、高性能设计的实现，更可以控制与减少污染的发生。

这对于行业逐步摆脱高消耗、高污染、低品质和低价值的落后局面，实现环境、资源的可持续发展具有重大的现实意义。

2 | BIM 应用问题与对策

问题：BIM 只能用于建筑设计，室内设计不适用。

分析：这种观点在行业内相当普遍。这一方面说明不少设计师们仍然将 BIM 仅仅看作一新的建筑设计软件，既然是建筑设计软件，当然就和室内设计无关了；另一方面也说明 BIM 室内设计实践少而又少，既然看不到有人用，多半应该是不太适用了。

其实 BIM 更多地是一种设计思考方式和工作方法，这种方法不仅适用于建筑设计，也同样适用于室内设计。BIM 有个很大的好处就是可以增强设计的完成度和落实程度，而室内设计相对于建筑设计来说恰恰对于完成度和落实程度的要求都更高，所以从这个角度看，BIM 室内设计更具优势。

对策：设计师需要拓宽视野，看清行业发展的大趋势，转变观念与方法。目前 BIM 室内设计鲜有所闻，对于善于捕捉市场先机的设计师来说，可能正是大胆尝试的黄金时机。

问题：用了 BIM 后，图纸工作量反而增加了。

分析：正常情况下 BIM 应用不会增加绘图工作量。因为 BIM 是要从根本上消除不必要的绘图工作量。大多数情况下，图纸工作量的增加是由于使用了 BIM 相关软件，但并没有按照 BIM 应有的思考方式和工作方法来开展工作造成的。也就是说设计团队本身依然固守传统 CAD 的作业方式，而在公司内部单独建立 BIM 小组进行建模（或者干脆外包给第三方）。

这时，设计团队来自 CAD、sketchup 等的绘图工作量非但没有丝毫减少，还要另外增加与 BIM 建模对接的工作量，所以就出现了所谓 BIM 应用增加图纸工作量的情况。

对策：设计团队的作业方式需要转变，设计师应直接改用 BIM 平台开展设计工作，这样经过短暂的转型阵痛期后，团队的设计能力将走上逐步增强的正轨。

当然，设计团队成员的统一认识和周详的事先规划都是必不可少的。

问题：按业主的要求方案一直改来改去定不下来，没法用 BIM。

分析：这是把 BIM 仅仅看成后期建模工具的另一种典型说法，其实它正好暴露出现行设计方式与业主沟通交流中的缺陷：设计师找不到合适的沟通方式来清晰无误地领会业主的实际需求。

对策：BIM 作为生命周期设计方法，恰恰可以为业主及其他项目参与方搭建清晰明了的可视化交流平台。借此，业主可以作为设计团队的一员理性地作出设计决策；而设计师此时与业主成为同一战壕里的战友，这种工作氛围转变本身也将有助于设计效率的提高。

问题：BIM 软件作效果图不如 3dmax，不好用。

分析：这种观点显然是把 BIM 等同于效果图制作软件了。不可否认，BIM 软件渲染出的效果图与 3dmax 相比有一定的差距。但作为设计师，我们必须清醒地认识到 3dmax 效果图在提供绚丽视觉效果的同时，也把评判设计好坏的标准引向仅仅效果图好不好看上。

而这实际上带来了两方面的问题:

一方面,每个人衡量美观与否的角度与尺度会有明显差异,这种做法本身可能会把设计引向一个失控的试错过程。运气好了可能一次就通过了,运气不好则可能十几次都通不过。更重要的是,仅凭业主好恶来进行设计决策本身就是把设计过程引向畸途的不负责任的做法。

另一方面,3dmax 效果图在其制作过程中,不可避免地会加入一定的噱头(用内行话说就是"怎么好看怎么画"),其图画效果会与施工完成后的实际情况有一定的反差,这也会为日后的纠纷埋下隐患。

对策: BIM 室内设计,可以将设计关注点聚焦在项目品质、性能、效益等更重要的方面,方便业主清楚地了解、科学地决策;设计师则可免去在 CAD、sketchup、3dmax 之间来回重复的工作量;作为 BIM 副产品,设计师可以随时生成大量清晰的效果图,足够业主理性决策所需。

问题: *BIM 软件只提供标准构件,异型构件建模不方便。*

分析: 这种观点一方面反映出设计师对设计本身认识存在误区,其潜台词是"标准构件太普通,设计师应该自己设计够酷的构件"。

在此,引用郑曙旸教授在 2011 年大连环艺教育年会致辞中的相关发言:

"环境设计是协调与应用产品,而非设计产品本身;设计师的努力应指向环境,而非指向产品。环境设计是综合自然环境、人工环境、社会关系,解决以人的生存与安居为核心的设计问题的应用学科,应将环境体验与审美体验相结合,其中须以环境体验为先,审美体验为后……"。

许多设计师在设计室内环境时,倾向于自己设计家具或其他道具。殊不知即便是知名品牌家具厂每推出一款家具,从设计伊始到最后上市,尚需 3 到 5 年时间,其间众多工程师、技师、不同门类专家通力合作经历大量试验、改进。室内设计师以为自己画几张草图就可以搞定家具的想法未免有些天真。其实即使按图做出来充其量也就是一个"三无产品"而已。

而另一方面异型构件究竟有多少市场需求,有多少设计师会在自己工作、生活的空间采用异型构件?设计师是去追求"新奇特怪"还是应该面向民生?这些都是值得冷静思考的问题。

对策: BIM 是一种工作方法,它并不局限于某一种软件,如果真需要复杂建模的话,完全可以采用多种软件协同作业的方式满足要求。

这里需要指出的是,在目前全球化的经济版图中,行业产业链能提供的高品质产品,恐怕已经让任何设计师都目不暇接了。如何借助 BIM 平台同这些产品背后的优秀团队密切合作才是设计师应该着力之处。

问题: *BIM 建筑、水电、结构软件也是分开的,好像与现行做法没有区别。*

分析: 虽然 BIM 各工种使用不同软件,但这些软件的平台是同一个,也就是说有需要时可以很方便地整合在同一模型上,进行协同工作。通过这种方式各工种可以一目了然地看到其他工种的进展,避免冲突发生,从而提高各自的设计效率，这点是之前的工作方式无法做到的。

对策： 通过这种工作方式，室内设计师对空间品质和性能把控能力将大大增强，业主也可以很方便地参与决策。

这些都为有大量管线综合要求的复杂项目实现缩短设计周期，降低设计成本，提高施工品质等目标提供了有效的保障。

问题： 自己虽然学会了 BIM，但设计单位都只用 CAD，怎么办？

分析： 关键在于你是否真正掌握了 BIM 的工作方法，换句话说，是否真正能运用 BIM 方法来切切实实高效率地解决实际问题（当然，这可不仅仅是学个新软件那么简单）。

如果设计师具备这样的经验和自信，那么到了工作岗位完全可以留心找机会在有把握的小项目上进行尝试。在目前政府已经正式启动 BIM 推进工作的大环境下，如果能在小项目上试验成功，那么设计公司对采用 BIM 工作方式的接受度就会大大提高。

对策： 设计师应挤出时间，学习并熟练掌握 BIM 方法，并予以实践，随时做好准备，等待有合适机会时大展身手。

问题： BIM 设计像搭积木，如果普及了大家都会，还要设计师做什么？

分析： 这种观点的潜台词是"我可是会画图的专业人士哟！"。它的主要误区是把设计与绘图混为一谈。其实这种误解在社会上还挺有市场——许多室内设计培训班都只不过是在培训手绘、CAD 或者 3dmax 等绘图技能而已。

对策： 认清设计师的最重要任务是分析问题、解决问题，而不是绘图，手绘、CAD 绘图、3dmax 效果图，甚至 BIM 建模本身都只是工具。

BIM 方法的好处是使设计师原来花在绘图上的大量时间和精力都解放出来，用到真正的设计——分析问题、解决问题上来，从而真正体现设计师的应有价值。

问题： BIM 是实用方法，掌握 BIM 只是手高而已，学校培养更应倾向于眼高手低。

分析： 实际情况往往是眼高手低者到工作岗位上往往连基础工作都难以完成，只能靠加班来维持，就像现在在许多设计单位的年轻人一样。长此以往，连自己的健康都无法保障，如何再谈为别人铸造梦想。

其中，大多数不由自主地就会把之前学生时代所怀有的理想慢慢消磨掉了。到头来，手没高上去，眼也开始低了；相反，手高眼低者，在轻松完成本职工作之余，若能持续积累，反倒有可能成为未来手高而眼也高者。

华人中仅有的两位普利茨奖获得者恰恰都是手高者，贝聿铭为美东最大房地产商服务十余载，而王澍则潜心多年于传统工艺，都积累了大量建造实践经验，且都能耐得住多年不做设计的寂寞。设计领先的英、德等国家的设计教育也都是重动手、重实干的。相对来说，我国的设计教育倒是偏向于"纸上谈兵"式的。

对策： BIM 提供了绝佳的面向建造的工作方式，有志向的设计师可以借此提高自身的设计能力，为未来的竞争打下坚实基础。

3 | BIM 室内设计的不同层次

BIM 作为绘图工具

BIM 是思考方式与工作方法上的转变，因此，如果仅把 BIM 作为绘图工具看待，这本身就违背了 BIM 的初衷，照理不应纳入 BIM 室内设计讨论的范围。但不幸的是，行业内 BIM 应用目前普遍停留在这个层次，以至于绕开这个话题就会有回避现实之嫌。

造成这种情况的主要原因是许多设计单位都疲于应付项目设计与投标，其首要任务是维持生存，因而方法转变暂时顾不上，但听说 BIM 可以提高出图效率，多少还是愿意一试的。诸如"BIM 能否具备高于传统 CAD 设计的效率"，"Revit 能否像 AutoCAD + 天正一样方便"，"甲方有 BIM 要求时，可以先请外援应急"，"现在效果图公司都转 BIM 了"，等等说法是基于这一层次的认识，即仅仅把 BIM 看成提高绘图效果的工具。

传统的设计方法，无论是手绘、尺规作图，还是 CAD 绘图，由于依靠人工绘图与人工识图来完成出图过程。因此在设计过程的各个环节都有潜在的出错可能性。

如在绘图时存在平、立、剖等图纸的对应问题；在不同工种配合时存在读图的理解偏差问题；在设计修改过程中以及后期变更等环节，尤其容易出现差错。

故此，必须花费大量的时间和精力反复校对、修正，由此产生的绘图、改图工作量巨大、效率低下。绘图工作往往占到设计师过半以上的工作时间，这也是造成设计单位普遍存在较为严重的加班情况的主要原因之一。设计师真正花在设计思考上的时间不足也是造成项目低品质、低效率的重要因素。

从精益设计的角度来看，绘图本身并不创造价值，用 CAD、sketchup、3dmax 来回重复绘图更是巨大的浪费。

应用 BIM 软件作为绘图工具，可以在建模完成后，大幅减少 CAD 绘图本身的工作量，特别是设计修改、调整后 CAD 出图的工作量；可以在设计过程中随时出图，且不存在图纸对应错误；还可以利用云渲染功能快速生成多种精细效果图。

但是这些优势只有在设计团队有效避免前述三重绘图的前提下才能发挥出来，要不然，极有可能造成四重绘图的更糟糕局面。

操作要点：

① BIM 建模人员作为设计小组一员与其他组员一起参与从项目前期一直到深化设计的全过程；

② 尽可能多利用 BIM 模型进行从构思、方案推敲、效果图、最终出图等一系列工作内容；

③ 只适用于设计团队无法进行作业方式转变且设计师缺乏 BIM 知识与经验的情况。

BIM 作为设计工具

室内设计的绘图方式经历了从手绘到尺规作图再到 CAD 绘图的发展过程，而传统室内设计聚焦于形式塑造的思维核心一直延续至今。

设计师的思考过程固化为专业导向：理念、灵感、空间限定、构图、形式感、××流派、××主义、××美学。

这种思考方式一方面容易导致"闭门造车"；另一方面，在当今稍具规模的项目都已经相当复杂，需要跨学科团队（业主、投资方、使用者、设计师、工程师、管理专家、工程顾问、承包商、分包商、监管部门）密切协作以便共同分析问题、解决问题的情况下，难免造成沟通障碍，进而影响项目品质与效率。

传统工作方式所倚重的平、立、剖加效果图，看似专业、全面，但其实上述项目参与方中有不少并不完全看得懂图纸。效果图虽然大字都能看懂，但问题还是效果图并不真实。这些都给决策的可靠性造成不良影响。而在施工现场，我们的国情是，不少工人其实也看不懂图纸，又如何避免出差错。这些都是造成项目低效率、低品质的内在因素。

BIM 作为设计工具，是指设计师自身运用 BIM 完成设计过程，且分析问题、解决问题的全过程均以普通人都能看懂的方式展开，以便跨学科团队并行协同、科学决策。

这样做的好处是：

①设计师不再需要经历多重绘图的痛苦且繁杂过程，从而可以省下大量时间和精力放在分析问题、解决问题上；

②BIM 提供的基于三维的直观表达方式可以避免沟通、表达过程的信息缺失和错误导致的浪费；

③分析问题、解决问题的思考方式本身将设计过程引向理性、客观的决策过程，同时项目参与方可在设计过程的任何时间点看到项目进展的全貌，使得沟通、交流更顺畅；

④避免了设计修改带来的大量绘图工作量，可减少无谓的加班。

操作要点：

①设计师而非绘图员，运用 BIM 进行工作；

②充分利用 BIM 提供的各种基于三维的表达方式，面向使用者需求，以普通人都能理解的形式，把设计全过程清晰表达出来；

③需认识到项目中 70%~80% 占比都是重复工作，运用 BIM 实现流程再造，做到无项目时不闲，有项目时不乱。

BIM 作为产业链整合工具

传统设计方法的另一个致命弱点就是其设计过程与产业链脱节，具体来说就是设计团队既对所服务领域了解不够透彻，又缺乏对于行业产业链的全面把握，这就必然导致其设计成为"空中楼阁"，看看可以，但无法真正解决问题。

一方面，随着经济、社会的发展，公众对于室内环境的安全性、健康性、舒适性、耐久性、易维性、经济性、环境影响性的要求日益重视与提高；另一方面，室内设计所服务的各行各业自身也发展很快，这些行业对其室内环境设计的要求也日趋专业化、系统化。

这些都使长期以来面向形式塑造为主、依赖设计师个人才能的传统室内设计无法满足需要，开始逐步走向重视品质、性能，并以跨学科团队协同方式汇聚产业链智慧与所服务行业专业知识的新型设计模式，而这种转变使基于矢量图形的传统 CAD 方法的局限性日益突显。

设计师在用 CAD 与 Sketchup 确定方案后，需要委托效果图公司制作 3dmax 效果图。通常情况下，为了视觉效果和工作效率，设计师与效果图制作人员会尽量使用模型库中的现有模型。

这样，一旦业主要求施工完成后的实际效果与效果图完全一致的话就带来了问题：效果图上画的家具、道具或设备根本买不到。这种情况下，如果找替代品的话，则空间效果可能大打折扣；而如果另找小作坊制作的话，严格来讲属于"三无产品"，质量无法保障；两者都是违背设计师初衷，且项目参与方都不愿意见到的情况。

BIM 作为基于知识的建筑生命周期设计方法，恰恰为上述新型设计模式提供了有力的保障。运用 BIM，可以实现：

①项目选择最合适的各类解决方案；

②选定最合适的产品，使项目各系统能够全面达到预想的品质与性能；

③对各子系统进行模拟与分析、找到最佳运行方案；

④通过上述环节，实现投资与运营成本的综合最小化；

⑤将设计成果完整地传递到后序的施工与运营维护环节。

操作要点：

①设计团队需通过专业深耕，成为所服务细分领域专家，并提炼所获得的知识与经验建立起该细分领域的各项设计标准；

②通过产业链深耕，熟知现有各类解决方案和相关产品与技术，并系统分类、整理后，建立相应标准模块；

③将上述两方面成果相对应，以模块化整合的方式再造设计流程并通过项目实践不断优化，使设计流程具备的能力日益增强。

工作流程

　　整合并不是建筑部品简单的拼凑，而是系统化、性能化的整合。它需要以下三个方面工作的紧密配合。

　　第一方面是标准制定。室内环境需要具备什么样的性能？需要满足怎样条件下的使用需求？安全性、舒适性等方面的标准如何？这些都是设计团队需要完成的工作。标准制定需要经过客观系统化的需求分析、重要性排序及量化过程。需要指出的是，设计团队必须严格区分"想要"（Want）和"需要"（Need），只有坚定排除"想要"的诱惑和干扰，才能牢牢抓住刚性需求。

　　第二方面是系统分解。室内环境的整体要求需要分解到每个局部，再到每一个部品，这就需要给出每个局部、每个部品需要满足的具体要求。再按照这一要求寻找供应商，并确保供应商按照要求来提供产品。模块化方法是助力设计团队实现系统分解的最有效途径。

　　第三方面是系统整合。最好的建筑部品并不一定成就最佳的室内环境，这是因为室内环境是一个整体，要提高室内环境综合性

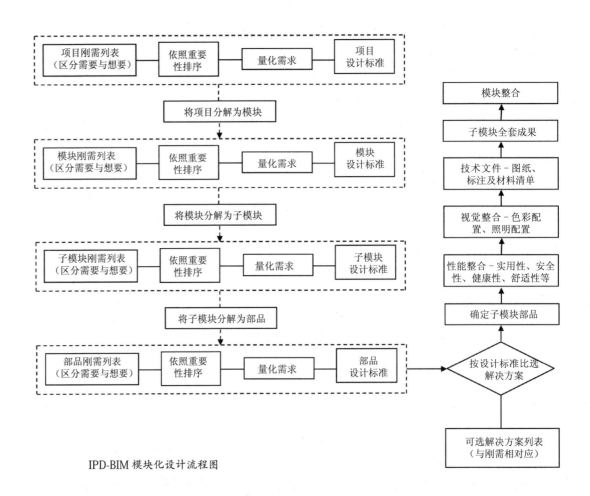

IPD-BIM 模块化设计流程图

能，必须实现最佳匹配。整合工作的关键就是通过物理整合、性能整合和视觉整合以最高性价比的方式满足各项需求，来实现室内环境的预期效果和性能。BIM 技术与 IPD 方法相结合将使系统整合更高效、更便捷。

4 | BIM 室内设计案例

此处收录的室内设计案例均来自同济大学建筑城规学院室内设计学科组自 2012 年起在室内设计课程设计教学改革中所开展的 BIM 室内设计尝试。通过对这些具体设计案例的评析，将有助于加深对 BIM 室内设计的认识。

案例 1、2、3 是同一个班的三位同学在同一次室内设计课程设计中的设计成果。由于是首次在课程设计中尝试应用 BIM 技术和方法，尽管事先已作了大量的工作准备，师生们的心里都还不是很有底，学生们的疑惑则更大。

正因如此，在设计过程中，真正按教学要求用 BIM 技术和方法的同学只有一半，另有三分之一的同学压根儿没有采用 BIM 方法，而是用传统 CAD 方法来开展设计。但正是由于这种巨大分歧，为这次教学尝试提供了难得的通过对照来验证 BIM 室内设计是否可行的绝佳机会。

案例 1、2 的设计者是按照教学要求应用 BIM 方法，以分析问题、解决问题为主线开展设计，而案例 3 的设计者是用传统 CAD 结合实物模型的方法，以形式、空间与组合为主线完成设计。

需要指出的是三位同学的设计才能和对设计的热情不相上下，而在短短的 6 周半的设计过程结束时，三个人的成果所形成的反差是极为显著的；两位应用 BIM 方法的同学无论从设计合理性、设计深度和全面程度以及设计效果方面都大大超过坚持用传统 CAD 的那位同学。

这次课程设计结束后不久，美国著名室内建筑师 Thomas Pheasant 来上海访问。在听取两位应用 BIM 方法同学介绍设计方案后，给予案例 1 设计者的评价是"其设计给人的印象非常深刻"，给予案例 2 设计者的评价是"其设计为空间带来了简约的美"。

从 BIM 应用的层次来说，案例 1 属于较为典型的"BIM 作为设计工具"之列，案例 2 的设计者已作了不少考虑产业链与实施可能性方面的努力，但是还不够全面、系统，其应用介于"BIM 作为设计工具"与"BIM 作为产业链整合工具"之间，相对更偏向前者。

案例 4、5、6 则是另一个班的三位同学针对同一毕业设计课题所做的设计成果。这三位同学已有一定的 BIM 应用和模块化方法基础，在其设计过程中都作了较为系统的需求分析、系统分解、系统整合工作。

其设计成果中的诊室、病房等单元空间设计中的 BIM 应用属于较为典型的"BIM 作为产业链整合工具"应用层次，而公共空间部分则或多或少都还有一些"BIM 作为设计工具"的痕迹。

案例 1　全生命周期住宅

生命三阶段的幸福空间

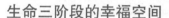
什么是全生命周期住宅？

"一套房子满足不同生命时期的需要"

"一套房子满足家庭中不同人的需要"

"节省、耐久、环保、可持续"

客户群：首置、首改人群

面积：60～80 平方米左右

装修程度：全装修

三代同居阶段

Father　Mother　Brother　Sister　Grandpa　Grandma

a.一对夫妇

b.一对夫妇＋
婴儿期儿童＋
老人

c.一对夫妇＋
幼儿期儿童＋
老人

d.一对夫妇＋
青少年期儿童＋
老人

e.一对夫妇＋
成年孩子

全生命周期住宅
Full Life Cycle Dwelling

a. 一对夫妇

用户特点：刚刚步入婚姻的小俩口或者丁克家庭。新婚夫妇处于事业的起步期，朝九晚五，平日两人享受共同的时光，周末可能会邀请朋友举办派对等。对于丁克家庭，夫妻两人既需有私密的要求，也需要两人共同活动的场所。

b ~ d. 一对夫妇＋孩子＋两个老人

用户特点：老、中、青三代生活在同一屋檐下。在孩子的婴儿期，照顾婴儿成为家庭的重心，婴儿从与父母同住，过渡到与父母分床住；幼儿期，儿童白天在老人的看护下玩耍；青少年时期则产生对私密空间的需求。三代同居时，厨房利用率高，因此尽量要拥有合适的位置与适宜老人的尺度。白天老人的活动多为看报、写字、看电视、种花养草等，老人有东西多，好收藏的特点。三代人的储物，以及拥有各自的独立空间，成为这一阶段最根本的需求。

e. 一对夫妇＋成年孩子

用户特点：孩子长大到18岁，到了与家庭分离的年纪。孩子上大学或者离家工作，夫妇可为孩子或父母保留一间卧室。夫妻二人工作稳定，生活节奏放慢，可以发展其烹饪、种植、品茶、收藏等爱好。

全生命周期住宅
Full Life Cycle Dwelling

问卷调查

1.你觉得家中最让人产生幸福感的地方是：（　）
A.沙发　B.餐桌　C.飘窗　D.床　E.厨房　F.其他_____

2.如果家中空间不足，你认为哪些地方可以压缩:（　）
A.卧室（为了节省空间，睡高架床、或双层床也不介意）
B.厨房（满足最基本的人体尺度就可以了，再大也没用）
C.餐厅（如果空间不够，即使采用折叠餐桌也不介意，不用的时候就收起来）
D.起居室（能放下沙发茶几电视柜就好，拥挤一点也没关系）
E.书房（把书柜放在客厅或者卧室里，在卧室开辟一小块学习的地方就够了）
F.其他_____

年龄：_____　性别：_____

调查结果：

1.最幸福的空间
A.沙发（26%）　　B.餐桌（15%）
C.飘窗（13%）　　D.床（35%）
E.厨房（9%）　　F.其他（浴室2%）

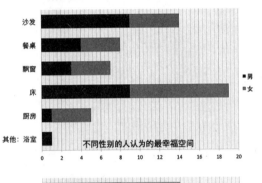

不同性别的人认为的最幸福空间

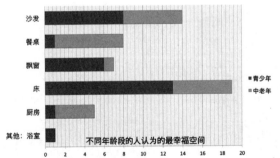

不同年龄段的人认为的最幸福空间

2.可以压缩的空间
A.卧室（9%）　　B.厨房（13%）
C.餐厅（30%）　　D.起居室（19%）
E.书房（28%）　　F.其他（卫生间2%）

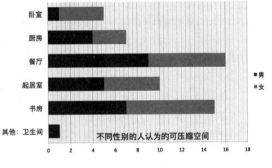

不同性别的人认为的可压缩空间

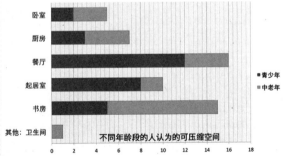

不同年龄段的人认为的可压缩空间

生命的三个阶段

1.新婚阶段 · 2.三代同居阶段 · · · · · · · · · · · · · · · 3.空巢阶段 · · · · · · · · ·

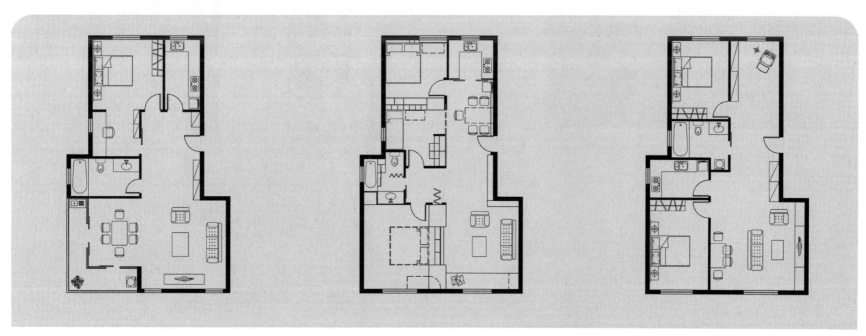

新婚阶段

+大起居空间

+卧室、书房结合

+室外活动阳台

+动静分区明确

塑造不同性格的连续空间，创造年轻、混合的家庭氛围。

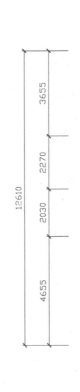
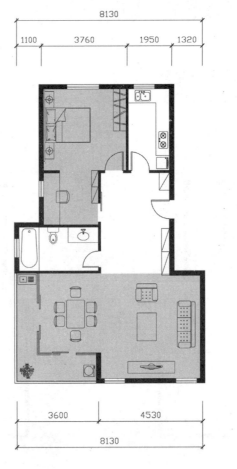

三代同居阶段

+三代人各自的卧室

+足够的储物空间

+多功能起居室

+三分离式卫生间

实用、巧妙、精简、舒适的空间

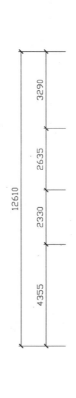

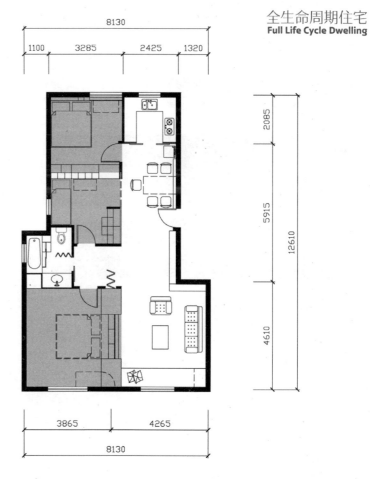

空 巢 阶 段

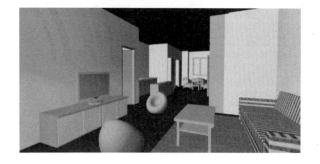

+朝南主卧

+南北通透起居空间

+由活跃到安静的连续活动空间

+私密、公共分区明确

塑造连续的、亦动亦静的家庭活动空间，营造温馨的家庭氛围

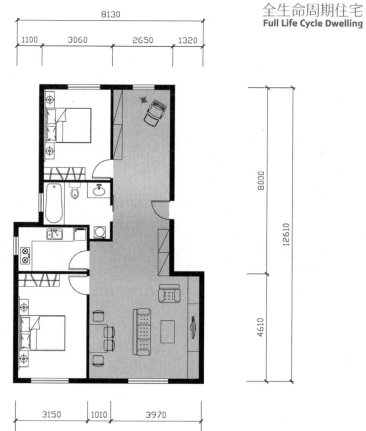

概念提出

主要储物位置：门厅、起居、厨房、卫生间、卧室

卧室很重要，适当飘窗，多用途餐厅并与起居室结合，书房分散。

concept: minimal space

三代同居阶段
夫妻二人/孩子/老人

实用、巧妙、精简、舒适

1.最小：人体工程学
2.最大：储物空间

墙→凹空间

	活　动	物　品
门厅	更衣、换鞋、充电	鞋类、拖鞋、鞋护理工具、雨伞、球拍、手套、钥匙等小杂物、装饰品
起居室	看电视、会客、休闲、展示	展示品、收藏品、杂志光盘书籍、音响、小电器、遥控器、时钟、电话、茶具、零食、垃圾筒、烟灰缸、纸巾
厨房	做饭、洗碗、取食物	粮食、食物、调制品、餐具、成套厨具、锅类、电磁炉、毛巾、洗涤用品、壶类、容器类、垃圾筒
卫生间	洗漱、洗澡、如厕、化妆、保洁	洗漱用品、洗浴用品、盆类、纸巾类、毛巾类、化妆品、吹风机、垃圾筒、衣物框、清洁用品、镜子
老人房	睡觉、休息、休闲、阅读、写字画画、缝纫、种花养草	衣物、寝具、箱包、书籍、药品、电话、日用品、垃圾筒、钟表、收音机、植物、医疗用品、笔墨纸砚、报纸、收藏品
儿童房	睡觉、玩耍、学习、发展儿童爱好	衣物、寝具、箱包、书籍、玩具、文具、日用品、钟表、垃圾筒、儿童护理品
主　卧	睡觉、休息、阅读、更衣化妆、工作	衣物、寝具、箱包、书籍、钟表、药品、日用品、垃圾筒、电子产品、育儿物品、电话、收藏品

将储物整合于厚墙内

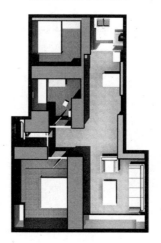

将书房分散至各房间

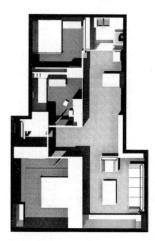

储物墙

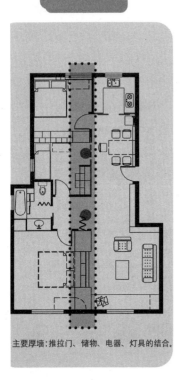

主要厚墙：推拉门、储物、电器、灯具的结合。

折叠门、推拉门打开，形成围绕儿童房的回路空间。

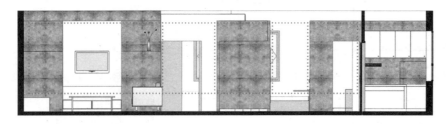

折叠门、推拉门关闭，客厅形成连续界面，儿童房与大人房连为一体。

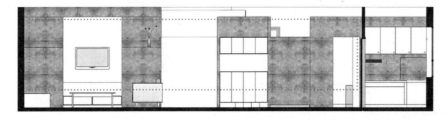

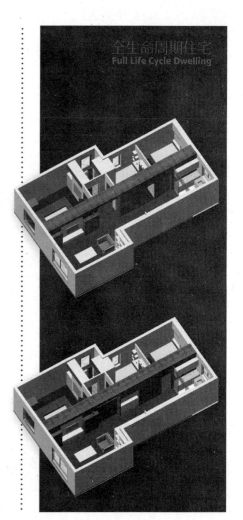

全生命周期住宅
Full Life Cycle Dwelling

基本介绍 · 需求调研 · 3 period · 概念提出 · 储物墙 · 空间塑造 · 室内效果

全生命周期住宅
Full Life Cycle Dwelling

储物方式：

集约化、精简化。

双面储物。

100%利用墙内空间

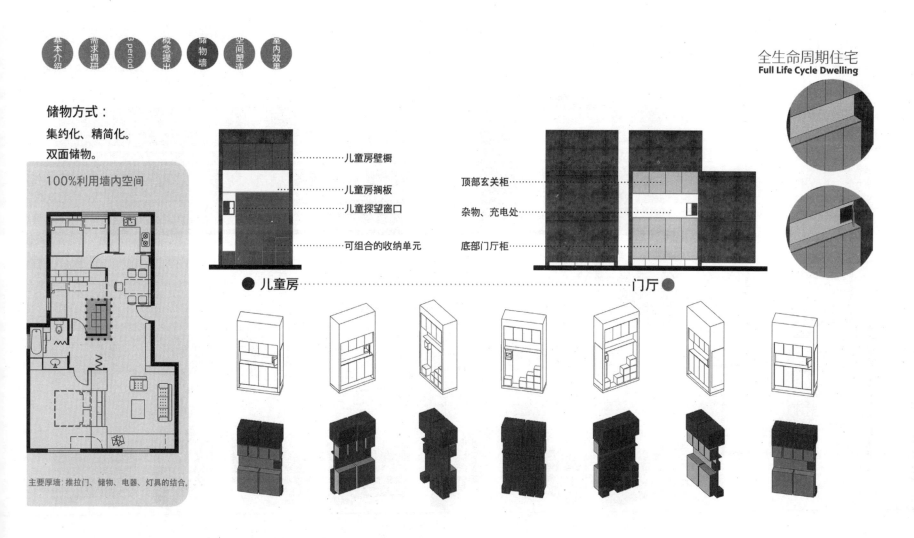

主要厚墙: 推拉门、储物、电器、灯具的结合。

儿童房壁橱

儿童房搁板

儿童探望窗口

可组合的收纳单元

● 儿童房

顶部玄关柜

杂物、充电处

底部门厅柜

门厅 ●

储物方式：

集约化、精简化。

双面储物。

100%利用墙内空间

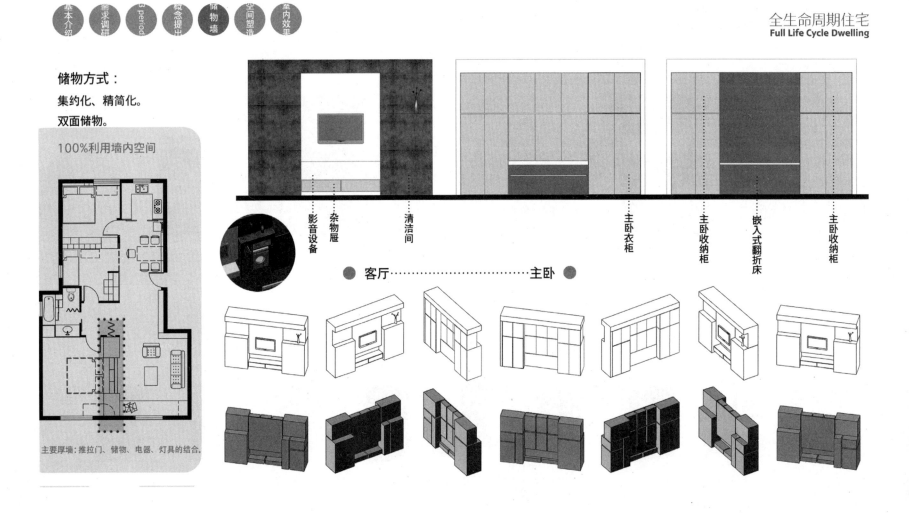

主要厚墙：推拉门、储物、电器、灯具的结合。

影音设备　杂物屉　清洁间

主卧衣柜　主卧收纳柜　嵌入式翻折床　主卧收纳柜

● 客厅 .... 主卧 ●

储物方式：

集约化、精简化。

双面储物。

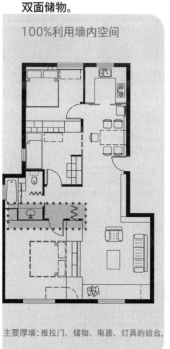

100%利用墙内空间

主要厚墙：推拉门、储物、电器、灯具的结合。

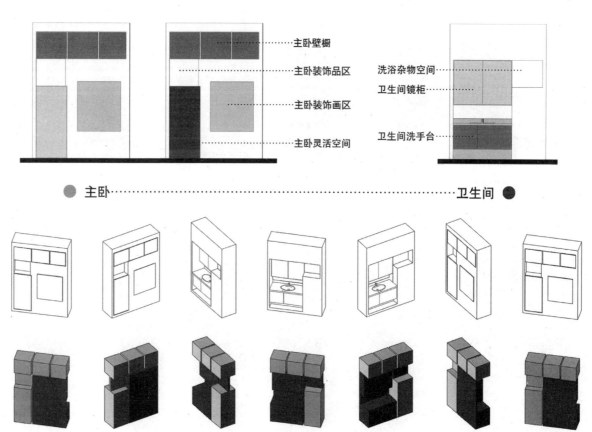

主卧壁橱

主卧装饰品区

主卧装饰画区

主卧灵活空间

洗浴杂物空间

卫生间镜柜

卫生间洗手台

● 主卧

卫生间 ●

储物方式：

集约化、精简化。

双面储物。

100%利用墙内空间

主要厚墙：推拉门、储物、电器、灯具的结合。

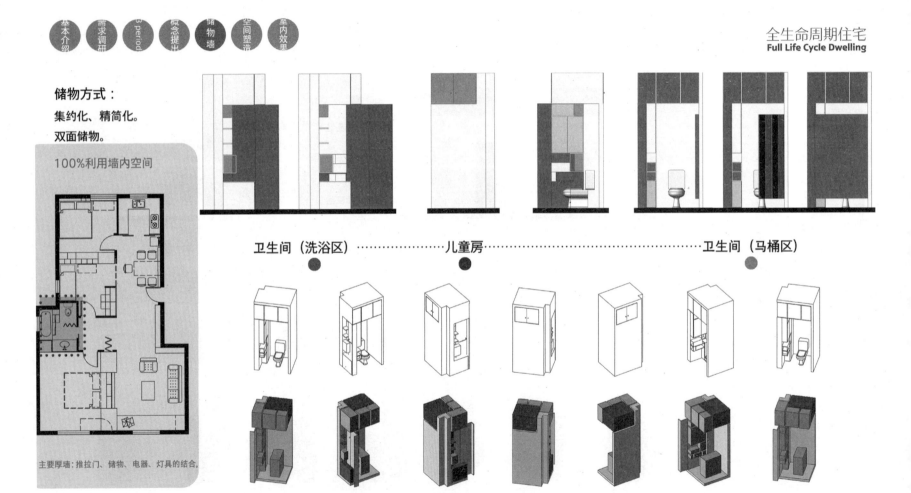

卫生间（洗浴区）················· 儿童房 ················· 卫生间（马桶区）

储物方式：

集约化、精简化。

双面储物。

100%利用墙内空间

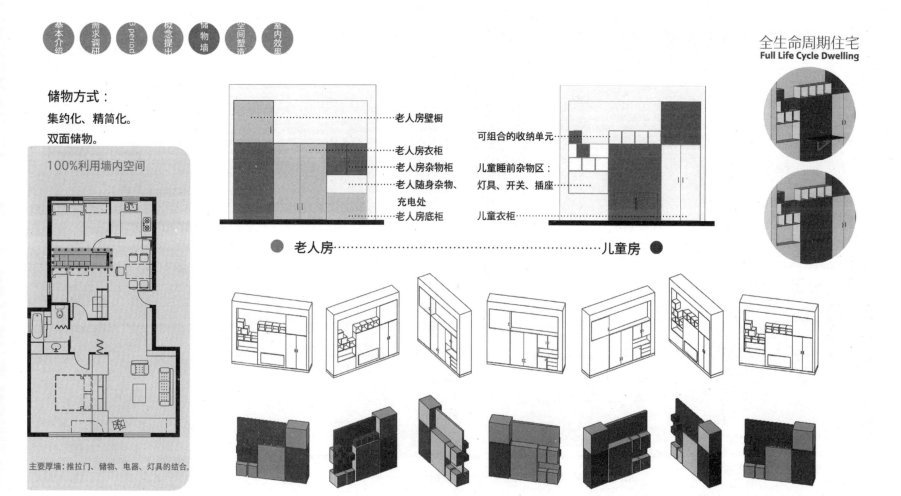

主要厚墙：推拉门、储物、电器、灯具的结合。

老人房壁橱

老人房衣柜

老人房杂物柜

老人随身杂物、
充电处

老人房底柜

● 老人房 ·········· 儿童房

可组合的收纳单元

儿童睡前杂物区：
灯具、开关、插座

儿童衣柜

全生命周期住宅
Full Life Cycle Dwelling

基本介绍　需求调研　3 period　概念提出　储物墙　空间塑造　室内效果

其他单面厚墙利用：

餐　厅

老人房

100%利用墙内空间

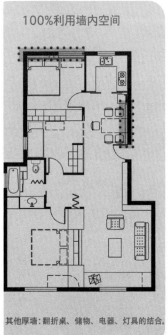

其他厚墙：翻折桌、储物、电器、灯具的结合。

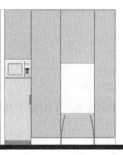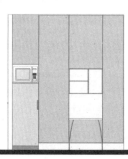

a. 下翻式餐桌与下拉式餐边柜

集合灯具、杂物、开关、衣架的床头收纳区

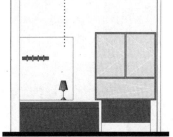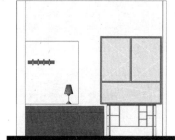

b.老人房内上翻式书桌与嵌入式收纳架

老人房拉出式储物

基本介绍 · 需求调研 · B period · 概念提出 · 储物墙 · 空间塑造 · 室内效果

空间塑造

自定义区域　收纳区域

烹饪　就餐　起居　休闲　享乐

客厅

基本介绍　需求调研　B period　概念提出　隔物墙　空间塑造　室内效果

全生命周期住宅
Full Life Cycle Dwelling

空间塑造

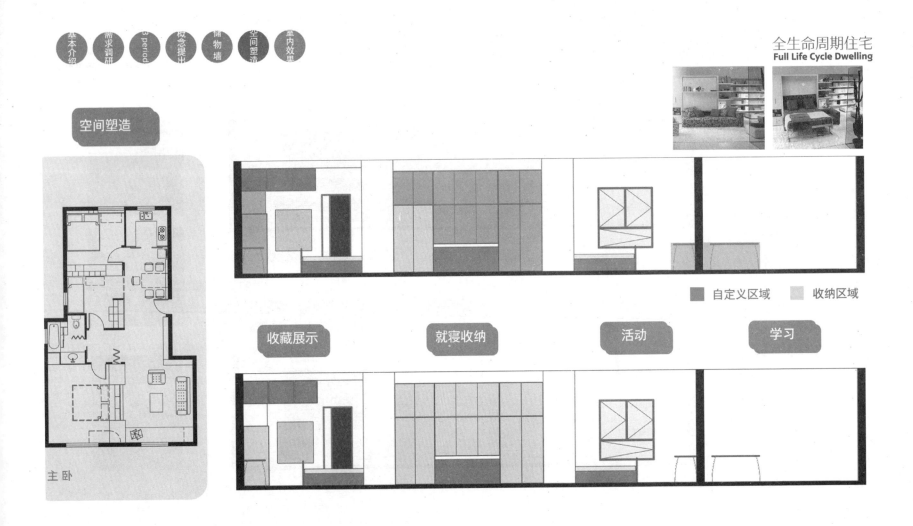

主卧

■ 自定义区域　　■ 收纳区域

收藏展示　　就寝收纳　　活动　　学习

空间塑造

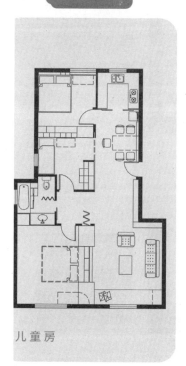

儿童房

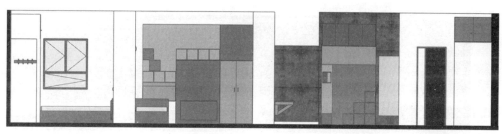

就寝　　学习、收纳　　玩耍　　活动

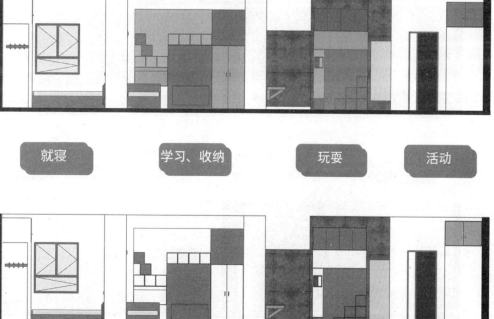

■ 自定义区域

■ 收纳区域

空间塑造

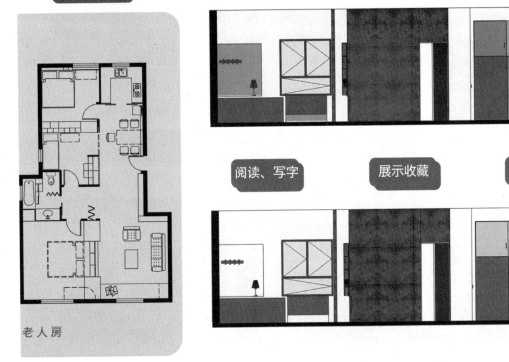

老人房

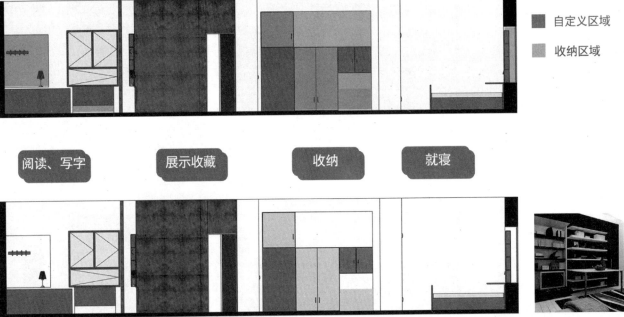

自定义区域

收纳区域

阅读、写字　　展示收藏　　收纳　　就寝

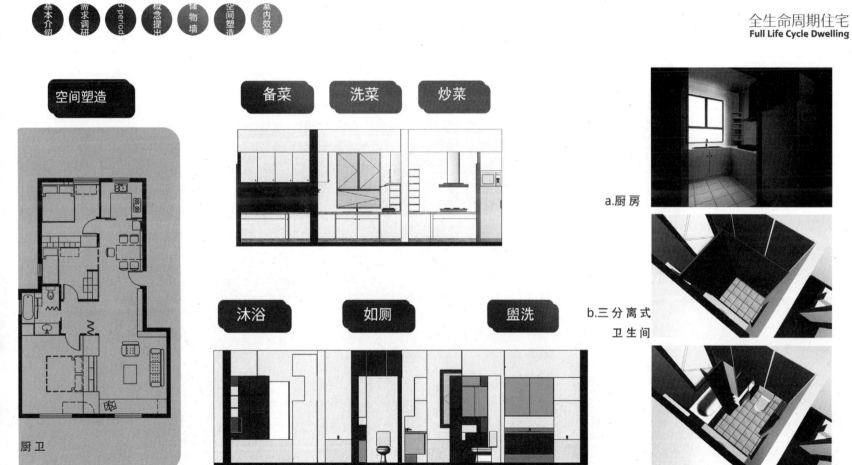

空间塑造

备菜　洗菜　炒菜

厨卫

沐浴　如厕　盥洗

a.厨房

b.三分离式
卫生间

室内效果

室内效果

全生命周期住宅
Full Life Cycle Dwelling

基本介绍　需求调研　B period　概念提出　储物墙　空间塑造　室内效果

Full Life Cycle Dwelling 全生命周期住宅

室内效果

案例2

全生命周期住宅

Whole life cycle

建筑学室内设计
黄舒怡
090381

Swing House

概念设计

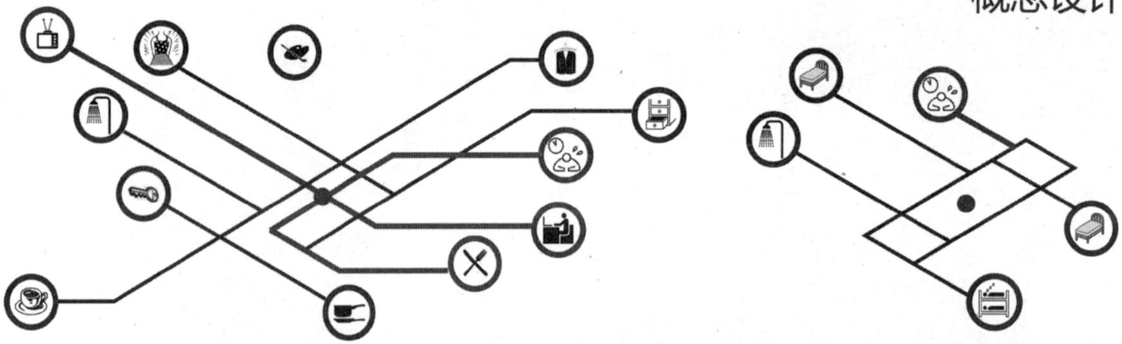

门厅

休闲吧台

起居空间

餐厅

学习空间

工作空间

晒衣阳台

儿童玩耍

备餐

洗漱

更衣

夫妻睡眠

儿童睡眠

老人睡眠

储物空间

家庭的日常生活可以概括为：生活、就餐、工作、娱乐、睡觉。
一般家庭的安排，这五种活动通过确定功能的房间进行区分。

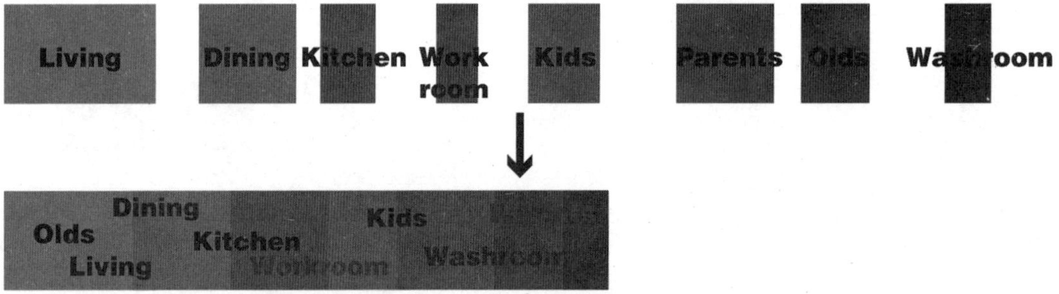

| Living | Dining | Kitchen | Work room | Kids | Parents | Olds | Washroom |

Olds Dining Kids
Living Kitchen Workroom Washroom

通过摆动住宅的隔断墙，每一种活动都不再依赖于被限制的房间，不再受到时间和空间的限制。
灵活性通过功能空间的扩大或缩小达到。
它可以机动地相应每个家庭成员对不断变化空间的要求。

Swing House

C4 | 面积：约85 ㎡
两房两厅一卫

■户型所在
位置分布图

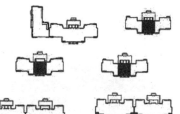

户型选用

万科——浦东北蔡海上传奇85㎡小户型

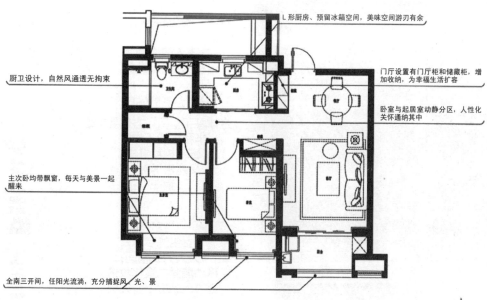

L形厨房、预留冰箱空间，美味空间游刃有余

厨卫设计，自然风通透无拘束

门厅设置有门厅柜和储藏柜，增加收纳，为幸福生活扩容

卧室与起居室动静分区，人性化关怀通纳其中

主次卧均带飘窗，每天与美景一起醒来

全南三开间，任阳光流淌，充分捕捉风、光、景

选用理由

1. 三房朝南。
2. 户型方正易于变化。
3. 入口空间与客厅贯通，小户型有比较大的空间感。

改造策略

1. 打通走廊尽端的储藏室，将其纳入主卧。

2. 改变三面主要墙的属性，使其变为可移动隔墙。

3. 基本家具和电器都建造在墙壁上，开关也位于墙上。

Swing House

N

01 02 03
Love   Family   Generations

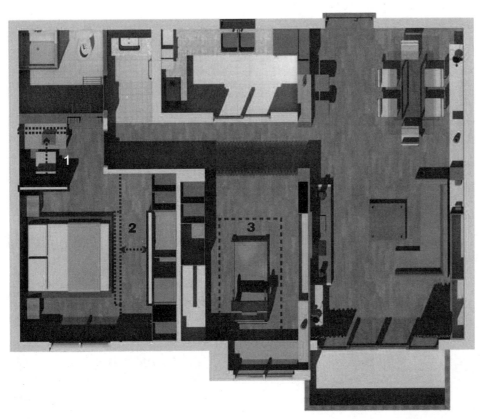

两人世界
生活有无数种可能性

1——半私密工作区。

2——步入式衣帽间。

3——多功能房：
　　书房；
　　女主人的瑜伽室；
　　男主人的健身房。

半私密工作区
一方休息了，另一方却要加班。
半私密的工作区，
既不相互打扰，
又能告诉对方
"我在"。

步入式衣帽间
女生的梦想：
大大的衣帽间；
移动墙面内置化妆镜；
更衣、装扮一步完成。

Swing House

01 02 03
Love **Family** **Generations**

可移动墙面
材料：细聚乙烯压成的薄膜制作蜂巢结构，透光、吸声。

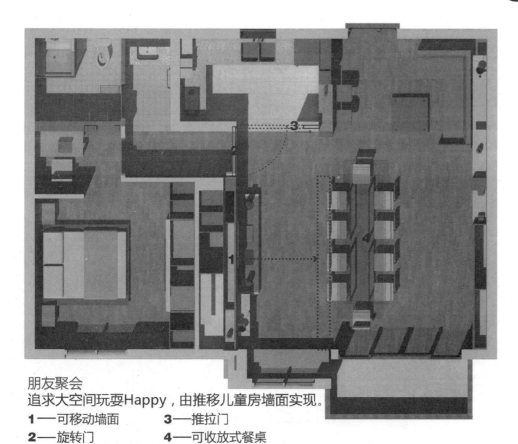

可收放式餐桌

Swing House

朋友聚会
追求大空间玩耍Happy，由推移儿童房墙面实现。

1——可移动墙面　　　**3**——推拉门
2——旋转门　　　　　**4**——可收放式餐桌
　　　隔断空间 防油烟

01 **02** **03**
Love Family Generations

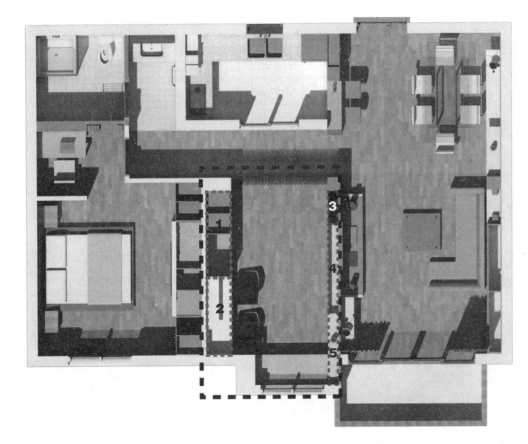

原来的多功能房变为儿童房

1 —— 衣柜

2 —— 可翻折式书桌

3 —— 嵌墙式储物柜

4 —— 翻折式双人床

5 —— 开放式书架

翻折式双人示意图

Swing House

01 **02** **03**
Love Family Generations

三代同居
如何活出自己的精彩

1——可翻折式嵌入床
翻折式嵌入床示意图

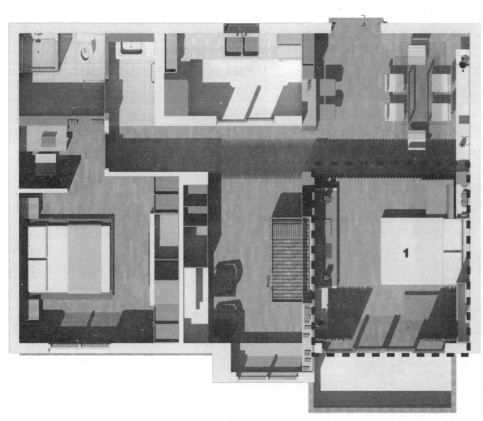

Swing House

01 **02** **03**
Love Family Generations

入口全景

左边多功能墙面延续到窗口

视野很宽敞

餐桌和入口吧台门厅
限定出入口区域

L形沙发 茶几 电视柜
限定出客厅区域

吊顶和光辅助限定空间

Swing House

01 02 03
Love Family Generations

走廊与客厅全景

客厅的家具结合墙面布置，错落有致。

走廊有进深感，且走廊两边开口相互错动，富有变化。

Swing House

01 **02** **03**
Love Family Generations

客厅回望入口处

子母门的设计方便家具进出

Swing House

01 02 03
Love Family Generations

其乐融融地享受完晚餐后，一家人坐在沙发上一起收看最喜爱的电视节目。

八点，爷爷奶奶到了需要休息的时候，可以将茶几挪到靠窗的位置，拉动墙面的把手，把内置床放下。

Before

After

Swing House

01 02 03
Love   Family   Generations

也可以打开墙面盖板，把折叠墙从墙内拉出来与另一端合上。

这样即使爸爸妈妈晚上工作回来晚，也不会打扰到爷爷奶奶休息。

而通常早晨老人是全家起的最早的，客厅恢复如初。

Before

After

Swing House

01 02 03
Love Family Generations

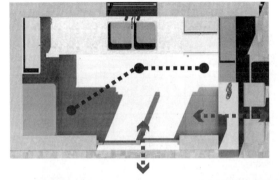

•••••• 操作流线

从冰箱取菜 ⟶ 洗菜 ⟶ 烧菜，三角形区域。

•••••• 互动关系

一个小吧台是厨房的窗口，烧饭时也可以有家庭成员的互动。
需要封闭时再将吧台帘子放下，隔绝油烟。
旋转门和移门可用于家庭聚会时塑造开放式厨房，厨房可开
可闭，功能强大。

Swing House

53

01 **02** **03**
Love Family Generations

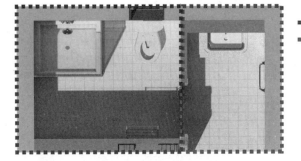

······ 湿区
······ 干区

干湿分离卫生间

提高卫生间的使用效率

Swing House

01 02 03
Love Family Generations

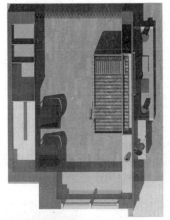

儿童房
白天双人床收置在墙上，
儿童可以有宽敞的空间玩耍和学习。

床一侧的书架一直延伸到飘窗区，
增加了空间的深度。

晚上睡觉时可以把床翻折下来。

Before

After

Swing House

01 02 03
Love Family Generations

可变式工作区

偶尔工作繁忙不免熬夜，就可以将墙面移出，将墙上的折板翻起，营造出相对私密的小工作区。

Before

After

Swing House

01 02 03
Love Family Generations

步入式衣帽间

将电视墙移出，就可以进入步入式，再将两侧窗帘放下，便拥有了一个私密的小空间，还可以同时将墙面化妆台翻出，完成化妆的工作。

Before

After

Swing House

收纳系统

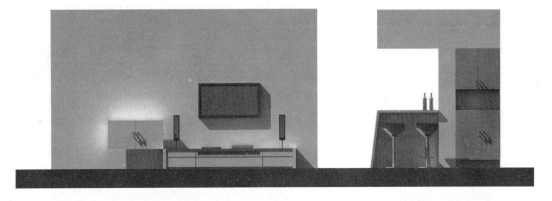

门厅收纳

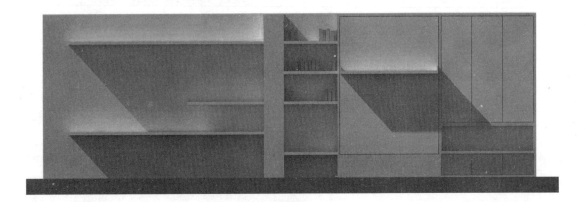

客厅餐厅收纳

Swing House

收纳系统

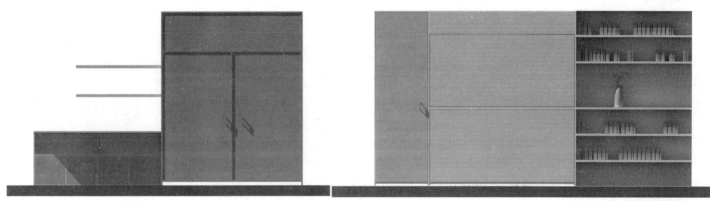

儿童房收纳

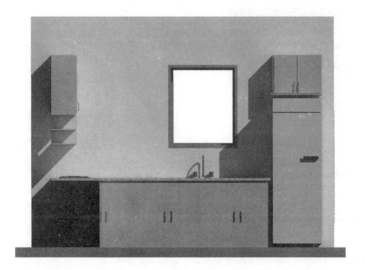

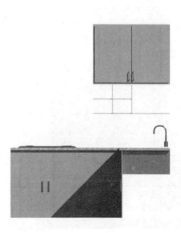

厨房收纳

Swing House

收纳系统

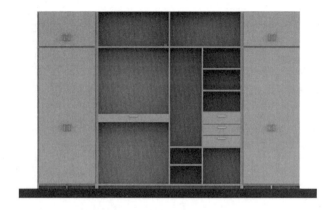

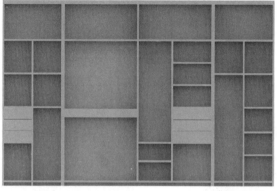

主卧收纳

工作区收纳

卫生间收纳

Swing House

案例 3 全生命周期住宅

生活
不是暂时的苟且
纵蜗居不至70平
亦可载歌作画

生活
不是简单的堆砌
即使纷繁又复杂
也能规整如一

生活
不是永恒的枯燥
只需轻巧转动
低调也能奢华

如是
几片简单的转墙
便是无数个世界
只因生活有诗
……

生活有诗·画家自宅

09建筑学（室内设计方向）王伟侨　学号：081286　　指导教师：黄平、尤逸南

使用模式

安静，自由，与朋友交往的需求
宽敞明亮的客厅，舒服的卧室

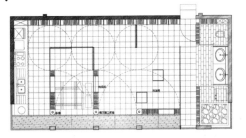

老人家心里希望安全
舒服安全朝向好的老人房，避免高差

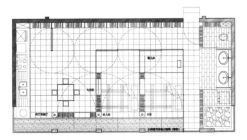

喜欢亲热、甜蜜、浪漫
甜蜜的卧室，舒适的厨房，餐厅

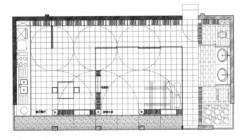

朋友多，周末或节日可以聚一聚
需要大一点的，完整的空间，也许
还可以看场电影

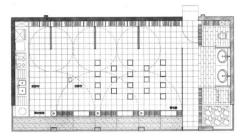

与他人身体关系密切，喜欢看，感受振动
扩大的卧室空间，多变的空间
有趣的室内空间，大大小小，高高低低

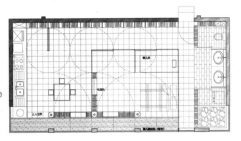

老的时候想办场展览，回顾自己
磊磊历程如果能在家里举办就好了，
特别而又印象深刻的空间

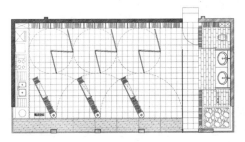

图纸

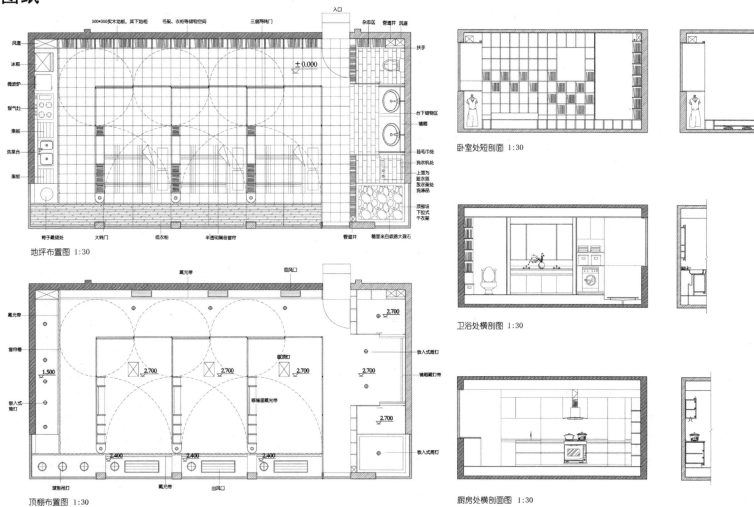

地坪布置图 1:30

顶棚布置图 1:30

卧室处短剖面 1:30

卫浴处横剖图 1:30

厨房处横剖面图 1:30

模型照片

案例4

Healthcare
Maternity

医疗空间室内设计

—— 产科病房与妇产科门厅

时间：2015.3.2 —— 6.17
学生：薛洁楠　1150329
指导老师：陈易　尤逸南

1 调研分析

上海国际和平妇幼保健院概况

医院别名：上海交通大学医学院附属国际和平妇幼保健院
所在地区：上海市徐汇区衡山路 910 号
建院年份：1952 年
医院类型：国营
医院等级：三级甲等
医院历史：前国家名誉主席宋庆龄为保护妇女和儿童的健康，于 1952 年以她荣获的"加强国际和平"斯大林国际奖金创办的一所妇幼保健专科医院
特色专科：产科、妇科

上海第一人民医院北部概况

医院别名：上海交通大学附属第一人民医院北院
所在地区：上海市虹口区海宁路 100 号
建院年份：1864 年——原名公济医院
医院类型：国营综合医院
医院等级：三级甲等
医院历史：1864 年新建，2007 年经过盘整，功能布局更加以人为本，院容院貌发生巨大改变
特色专科：眼科、泌尿外科

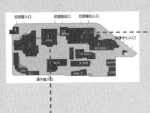

1 调研分析

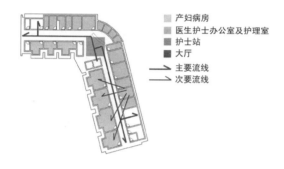

产妇病房
医生护士办公室及护理室
护士站
大厅
→ 主要流线
→ 次要流线

妇幼院产科病房标准层功能分区

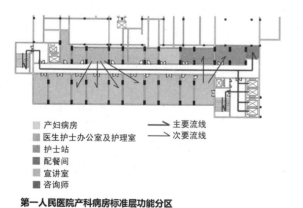

产妇病房　　　　　　　→ 主要流线
医生护士办公室及护理室　→ 次要流线
护士站
配餐间
宣讲室
咨询师

第一人民医院产科病房标准层功能分区

妇幼院产科病房实景图

第一人民医院产科病房实景图

1 调研分析

案例中总结的产科病房两种布局

产科病房现状：
1. 房间内设施比较普通，除了用一些暖色的床帘之外几乎没有任何考虑到产妇心理需求的措施；还有部分需求没有被满足。
2. 没有足够的给访客使用的空间。
3. 走廊外部噪声影响病房内产妇的休息。
4. 病房人数太多，显得很杂乱。

双人普通病房常见布置

英国护理单元尺寸

我国护理单元尺寸

1. 产科双人病房布局1 4480mm×5640mm

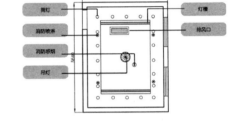

2. 产科双人病房布局2 7100mm×8100mm

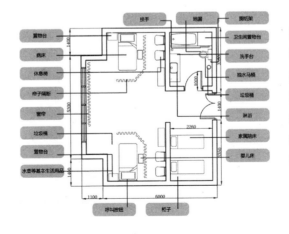

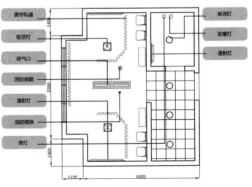

1 调研分析

1) 针对病人及陪护人员的问卷调查及分析：

（1）您是否渴望与家人同住在一间病房中，以便时刻陪在您身边照顾您？

　　A 希望　　　B 不希望　　　C 无所谓

表3-1　数据统计 1

	A	B	C
哈尔滨三精女子医院	17	2	1
北京五洲女子医院	17	1	2
中山现代妇科医院	16	2	2
支持率	84%	8%	8%

分析：家庭化病房的概念在我国还未得到普及，但仍有 84%的病人对其抱有较大的希望。

（2）如果您不需要考虑费用，您会选择住在下面哪间病房中？

　　A 单人间　　B 双人间　　C 三至四人间　　D 其他

表3-2　数据统计 2

	A	B	C	D
哈尔滨三精女子医院	13	5	2	0
北京五洲女子医院	10	7	3	0
中山现代妇科医院	8	9	3	0
支持率	52%	35%	13%	0

分析：52%的病人对单人间的认识还只停留在舒适程度上，而对于沟通、交流等心理需求等方面的考虑还很不全面。

（3）您病房中的其他病友及陪护人员会影响到您的日常休息吗？

　　A 经常会　　B 有时会　　C 不会　　D 无所谓

表3-3　数据统计 3

	A	B	C	D
哈尔滨三精女子医院	1	12	7	0
北京五洲女子医院	2	10	8	0
中山现代妇科医院	4	8	8	0
支持率	12%	50%	38%	0

（6）您所在病房内的休息会客区空间是否能够满足使用要求？

　　A 能满足　　B 基本满足　　C 不能满足

表3-6　数据统计 6

	A	B	C
哈尔滨三精女子医院	3	5	12
北京五洲女子医院	5	4	11
中山现代妇科医院	7	6	7
支持率	25%	25%	50%

分析：我国对病房内休息会客区的设计仍停留在概念上，没有试图从根本上改变以

医院空间室内设计
——产科病房及妇产科门厅

往单一的设计形式，造成如今只重形式的尴尬局面。

（7）您所在病房内部空间的色彩是否令您满意？

　　A 满意　　　B 不满意　　　C 没注意到

表3-7　数据统计 7

	A	B	C
哈尔滨三精女子医院	2	3	15
北京五洲女子医院	2	5	13
中山现代妇科医院	3	6	11
支持率	12%	23%	65%

分析：我国大多数医院进行病房设计时，并未对室内色彩进行周密考虑，六成多的病人及陪护人员对色彩环境没有感觉。

2) 针对医护人员的问卷调查及分析：

（1）您工作的护理单元中，以下哪类病房较易看护？

　　A 单人间　　B 双人间　　C 三至四人间　　D 其他

表3-11　数据统计 11

	A	B	C	D
哈尔滨三精女子医院	2	4	10	4
北京五洲女子医院	5	3	10	2
中山现代妇科医院	4	5	8	3
支持率	18%	20%	47%	15%

分析：就医护人员而言，多人间病房更方便进行统一看护，但无法满足病人对于私密性的要求及有效降低病人间交叉感染的机率。

调查问卷分析结论：

入住病人所期望的却依然没有实现的有——
1. 家庭化病房；
2. 心理沟通交流；
3. 实用的会客空间；
4. 色彩与个性化。

1 调研分析

调研后得出的产科病房需求分析现有解决方案

空间模块	需求人群	需求名称	需求编号	现有解决方案	拟选解决方案
产科病房	待产产妇	睡眠	A1	病床	
		吃饭	A2	病床	可移动餐桌,可折叠餐桌等
		上厕所	A3	抽水马桶	
		洗漱	A4	洗手台套件	
		置物	A5	柜子,置物台	
		呼叫医护人员	A6	呼叫按钮	触及更加方便的呼叫器
		洗澡	A7	淋浴房	
		休息	A8	椅子	软椅
		扔垃圾	A9	垃圾桶	
		隐私保护	A10	床帘	可移动隔断,满足不同地方所需私密性
		身体检查	A11	病床	
		按摩	A12	无	专业按摩器械
		运动	A13	无	扩大病房空间或合理布置家居
		娱乐活动	A14	电视机	书籍
		产前教育	A15	无	图书或者宣传栏
		安全舒适	A16	扶手,防滑垫,厕所扶手	地面材料粗糙柔软,用色柔和符合孕妇心里
		缓解产前忧郁,保持开心	A17	配色用紫色、嫩黄色	音乐
		相互交流	A18	无	设置集会交谈区
	产后休养产妇	同待产产妇	A1-A14	同	同
		产后健康知识教育	A19	无	专门宣讲室
		照顾孩子	A20	婴儿床	
		哺乳	A21	无	哺乳椅
	陪护人员	睡眠	A1	陪护人员床位	与孕妇专用区分,隔离带
		吃饭	A2	置物台	专门餐桌
		娱乐活动	A14	电视机	书籍等
		了解信息	A22	无	可视电话等
		休息	A8	椅子	软椅
	医护人员	操作医疗器械	A23	光线充足	自然或人工照明合理设置
		互相交流	A18	无	设置集会交谈区
		休息	A8	椅子	软椅

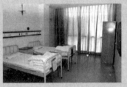

医院空间室内设计
——产科病房及妇产科门厅

国内某些病房现状照片

结合调研与资料的需求总结

1. 缺少适合产妇生理心理的人性关怀(色彩,设施等)

2. 厕所布置不合理

3. 缺少专门的交流娱乐会客空间等

(详见左表)

2 单元空间 —— 设计策略手段

循证设计

循证设计的优点：
1. 帮助设计师对研究的严谨度及其成果的准确性作出合理的判断；
2. 结果会有更强的说服力；
3. 设计者把自己的设计研究，包括具体的方法和结论交给相关专家和同行鉴评，由此进一步保证研究的客观性，提高研究成果的可信度；
4. 受益于其他循证设计者分享的相关知识，共同进步；
5. 对医疗空间设计的质量保障有着相当大的促进作用。

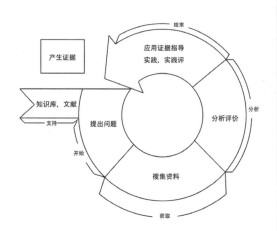

医院空间室内设计
——产科病房及妇产科门厅

内部功能和流线组织

——探讨具体的医疗环境空间组成要素，特别是病房环境组成要素

简单的"救死扶伤"

——追求人性和自然

严肃、单调

——温馨的氛围，安全感，人性的关怀

设计目的：创造一个治愈的环境

基于疗效，
创造一个治愈环境的手段可以总结为以下五类：

1. 与自然环境的联系

2. 可选项与选择（控制）

3. 合意的消遣

4. 得到社会的支持

5. 环境性负面影响因素（噪声、眩光、糟糕的空气环境等）

71

2 单元空间 —— 设计策略手段——具体

循证设计需求	具体解决策略			
与自然的联系	室内种植植物		模拟自然系统	植物画作及摆设
选择与控制	可调节灯光系统		可变家具	……
合意的消遣	书籍		娱乐休闲活动	……
社会的支持	家属陪护		产妇间互相交流	医护人员关怀
环境影响因素	色彩		材料	……

2 单元空间 —— 设计策略手段

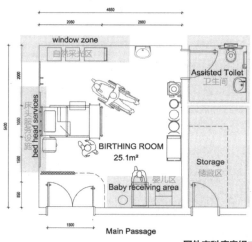

国外产科病房组成

把病房单元再拆成更小的功能单元

↓

人体尺度   设计规范

↓

右图五种单人多人病房的组合方式

医院空间室内设计
——产科病房及妇产科门厅

单人组合方式 1 1:50

双人组合方式 1 1:50

单人组合方式 2 1:50

单人组合方式 3 1:50

双人组合方式 2 1:50

2 单元空间 —— 技术图纸

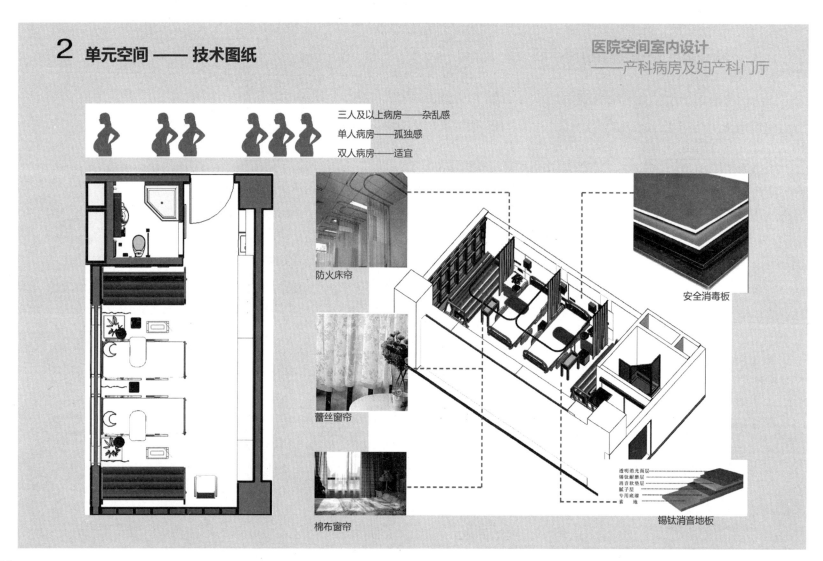

三人及以上病房——杂乱感

单人病房——孤独感

双人病房——适宜

防火床帘

蕾丝窗帘

棉布窗帘

安全消毒板

透明消光面层
锡钛耐磨层
消音软垫层
腻子层
专用底漆
素地

锡钛消音地板

2 单元空间 —— 技术图纸

南内立面图 1:50

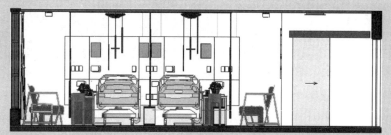

西内立面图 1:50

北内立面图 1:50

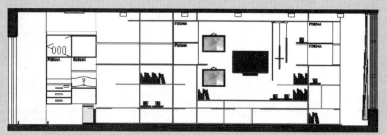

东内立面图 1:50

2 单元空间 —— 行为模式

产妇

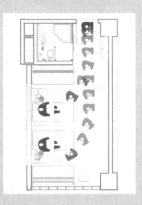

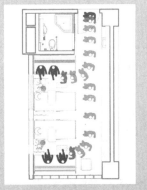

家属

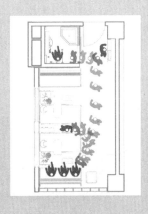

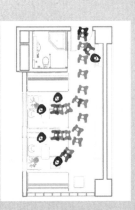

医护人员

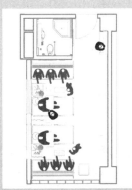

2 单元空间 —— 行为模式

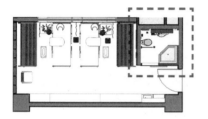

厕所干区具体行为需求:

1. 打开照明设备
2. 上厕所、转动扶手到舒适位置
3. 紧急呼叫医生
4. 从手纸架上取用手纸
5. 踩踏冲洗按钮
6. 取用置物台上的洗漱用品等
7. 洗漱
8. 扔垃圾
9. 整理仪容
10. 放松身心
11. 氛围温馨亲切
12. 贴近自然
13. 走动

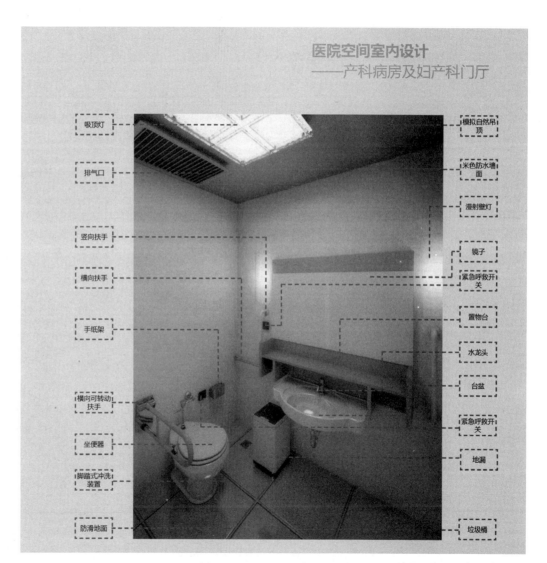

医院空间室内设计
——产科病房及妇产科门厅

吸顶灯

排气口

竖向扶手

横向扶手

手纸架

横向可转动扶手

坐便器

脚踏式冲洗装置

防滑地面

模拟自然吊顶

米色防水墙面

漫射壁灯

镜子

紧急呼救开关

置物台

水龙头

台盆

紧急呼救开关

地漏

垃圾桶

2 单元空间 —— 行为模式

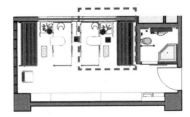

具体行为需求：

入住前：

1. 进入病房，打开照明
2. 放置住院物品（包括衣物，生活用品等）

入住时：

1. 睡觉
2. 用餐
3. 喝水
4. 哺乳
5. 产妇按摩
6. 呼叫医护人员
7. 医护人员进行常规检查
8. 缓解产前（后）心情而必要的休闲娱乐活动
9. 适量运动
10. 相互交流
11. 扔垃圾
12. 接待探望家属
13. 陪护人员休息与就餐
14. 在病房中保持心情愉悦
15. 贴近大自然
16. 新生儿氛围的营造

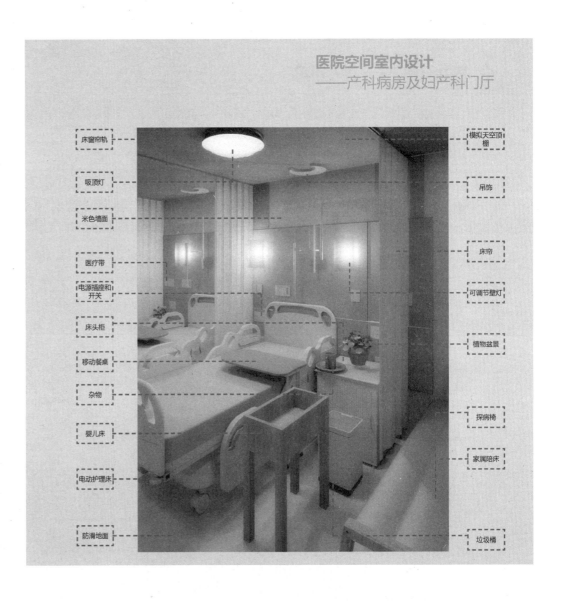

医院空间室内设计
——产科病房及妇产科门厅

床窗帘轨 · 模拟天空顶棚 · 吸顶灯 · 吊饰 · 米色墙面 · 床帘 · 医疗带 · 可调节壁灯 · 电源插座和开关 · 床头柜 · 植物盆景 · 移动餐桌 · 杂物 · 探病椅 · 婴儿床 · 家属陪床 · 电动护理床 · 防滑地面 · 垃圾桶

2 单元空间 —— 行为模式

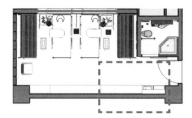

具体行为需求：
产妇与家属：
1. 储藏个人物品（衣物、生活用品等杂物）
2. 取用个人物品
3. 看电视
医护人员：
4. 在洗手池洗手消毒
5. 取用医用检查设备
6. 打开操作时的医用照明设备
产妇：
7. 产妇放松身心
8. 贴近自然
9. 阅读
10. 走动

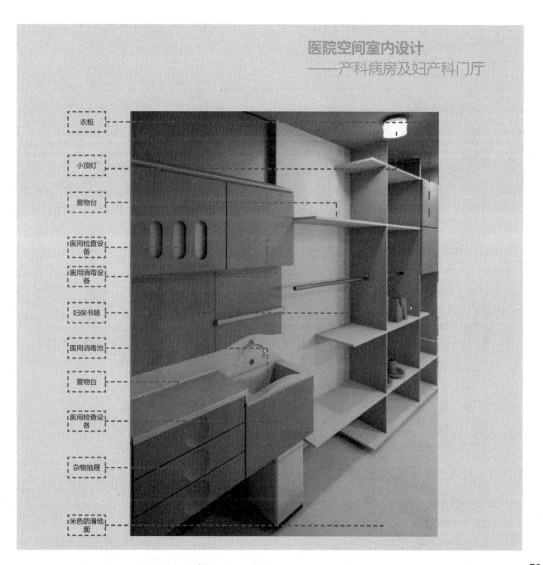

医院空间室内设计
——产科病房及妇产科门厅

- 衣柜
- 小顶灯
- 置物台
- 医用检查设备
- 医用消毒设备
- 妇保书籍
- 医用消毒池
- 置物台
- 医用检查设备
- 杂物抽屉
- 米色防滑地面

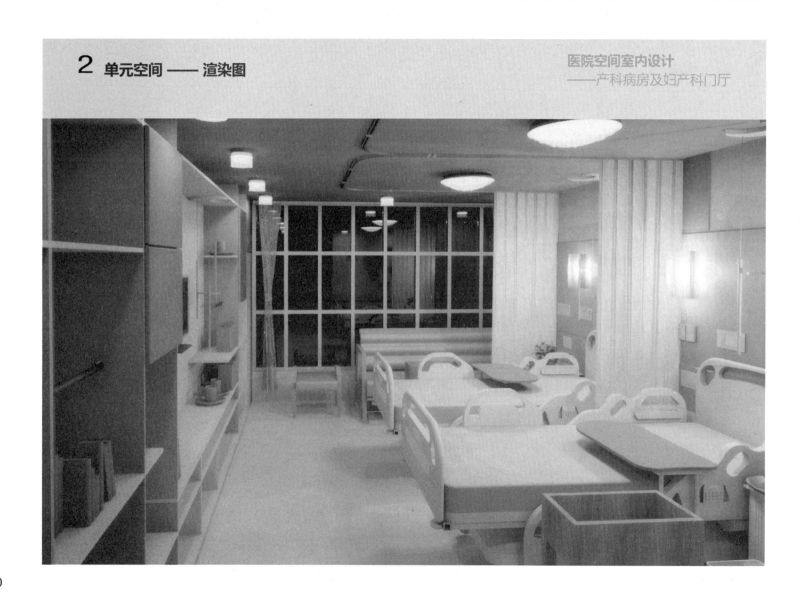

2 单元空间 —— 渲染图

医院空间室内设计
——产科病房及妇产科门厅

2 单元空间 —— 渲染图

2 单元空间 —— 家具及产品

医院空间室内设计
——产科病房及妇产科门厅

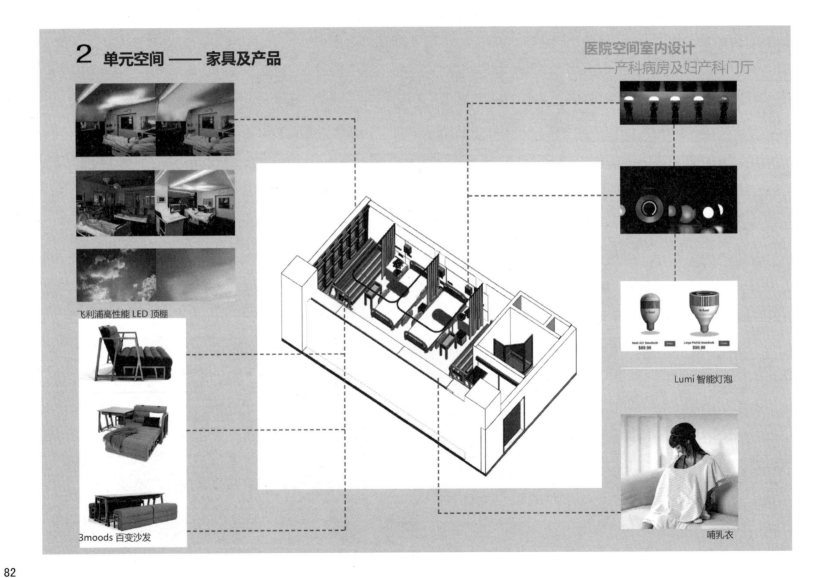

飞利浦高性能 LED 顶棚

3moods 百变沙发

Lumi 智能灯泡

哺乳衣

2 单元空间 —— 需求对照

医院空间室内设计
——产科病房及妇产科门厅

空间模块	需求对象	需求名称	需要性质（需要为1，想要为0）	物品	解决方式（对应产品序号）	满足五方面需求情况（a-与自然的联系，b-可选项与控制，c-合意的消遣，d-得到社会支持，e-环境性负面影响因素）
病房区	三者共同需要	相互交流	1	隔声材料，遮挡物	F1, F2	b
		照明需要	1	灯具	F3	e
		放置物件	1	工作台面	F4	e
		通风	1	窗，进出风口	F5, F6	a, b, c, e
		保持空气清新舒适	1	材料，清新剂，消毒剂	F7	b, c, e
		与室外的联系	1	窗，视线交流	F5	a, c, e
		温度适宜	1	中央空调	F8	d, e
		采光	1	窗	F5	a, c, e
	产妇与陪护人员共同需要	睡觉	1	病床，陪护床	F9, F10	b
		休息	1	椅子	F11	b
		就餐	1	餐桌，带餐桌病床	F12, F9	b
		喝水	1	开水壶，杯子	F13, F14	b
		休闲娱乐	0	电视机，书籍	F15, F16	b, c
	陪护人员	整理住院物品	1	柜子，台面	F4, F17	b
		保持心情愉悦	0	色彩，材料等	F18	b, c
		交流心得	1	沙发，茶几	F19, F20	b
	产妇	按摩	1	按摩椅，病床	F21, F9	b
		产前心理辅导	1	椅子，书籍	F11, F16	b
		产后心理辅导	1	椅子，书籍	F11, F16	b
		适量运动	0	运动器械，场地	F21, F22	b
		接待探病家属	1	会客区沙发，茶几，椅子	F19, F20, F11	b
		休闲娱乐	1	电视机，书籍	F15, F16	b
		哺乳	1	哺乳衣，床帘	F23, F24	b
		照看婴儿	1	婴儿床，台面	F25, f4	c
		午睡	1	病床	F9	b
		保持心情愉悦	0	色彩，材料等	F18	b, c
		亲近自然	0	模拟自然顶棚，植物	F26, F27	b, c
		对外联系	0	电话机	F28	b,
		突发情况的呼叫	1	紧急呼叫按钮	F29	b, d
	医护人员	坐下来	1	椅子	F11	b, c
		使用医疗设备	1	医疗带，插座，开关	F30	b
		了解基本情况	1			
		基本检查	1	检查灯，基本检查器械	F31	b, d, e
		缓解紧张情绪	1	色彩等	F18	b, c, e

空间模块	需求对象	需求名称	需要性质（需要为1，想要为0）	物品	解决方式（对应产品序号）	满足五方面需求情况（a-与自然的联系，b-可选项与控制，c-合意的消遣，d-得到社会支持，e-环境性负面因素）
病房区	三者共同需要	取用物品	1	对应功能的橱柜	G1	
		照明需要	1	检查灯，吸顶灯或者壁灯等	G2	b
		采光	1	窗，直接采光	F5	a, c, e
		器械的用电	1	插座	F30	e
		空气舒适清新	0	进出风口	F6	e
	医护人员	照明需要	1	补充照明	G3	b, d
		丢废弃物	1	废物篓	G4	
		清洁消毒	1	洗手池，消毒液，洗手液等	G5, G6	b, c
		拿取器械	1	储物柜，搁架等	G7	c
卫生间	两者共同需要	上厕所	1	马桶，纸巾盒	H1, H2	
		防止地面湿滑	1	地漏，防滑材料	H3, H8	b
		洗手	1	洗手池，洗手液等	H4, H5	b, c
		梳洗整理，照镜子	1	镜子	H6	c
		站稳防止摔倒	1	扶手，防滑材料	H7, H8	b
		扔垃圾	1	垃圾桶	H9	
		紧急呼救	1	紧急呼叫按钮	H10	b
		通风	1	进出风口	F6	e
		采光	1	开窗设置	F5	e
		照明需要	1	灯具设置	H11	
		换衣服	1	挂钩，置物台	H12, H13	b
		洗澡	1	淋浴设备	H14	b
	孕妇	避免感染	1	装修材料	F18	d, e
		贴近自然	0	植物	F27	
		保持心情愉悦	0	色彩，材料等	F18	d
会客区	所有人	照明需要	1	装饰化灯具	I1	e
		久坐	1	舒适的沙发，坐椅，茶几	F19, F20, F11	d, d
		吃喝	1	茶几，储物柜	F20, F4	b
		保持心情愉悦	0	色彩，材料等	F18	e
		交流	1	隔声材料，遮挡物	F1, F2	b
	产妇	怀抱婴儿	1	沙发	F19	b

3 公共空间 —— 平面改造

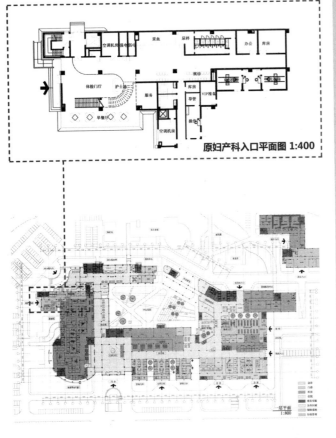

原妇产科入口平面图 1:400

一层平面
1:800

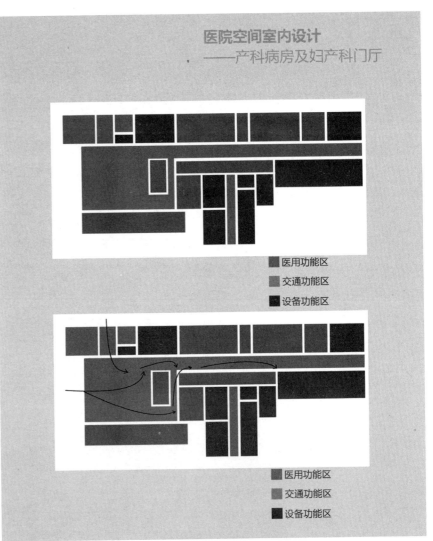

医院空间室内设计
——产科病房及妇产科门厅

医用功能区
交通功能区
设备功能区

医用功能区
交通功能区
设备功能区

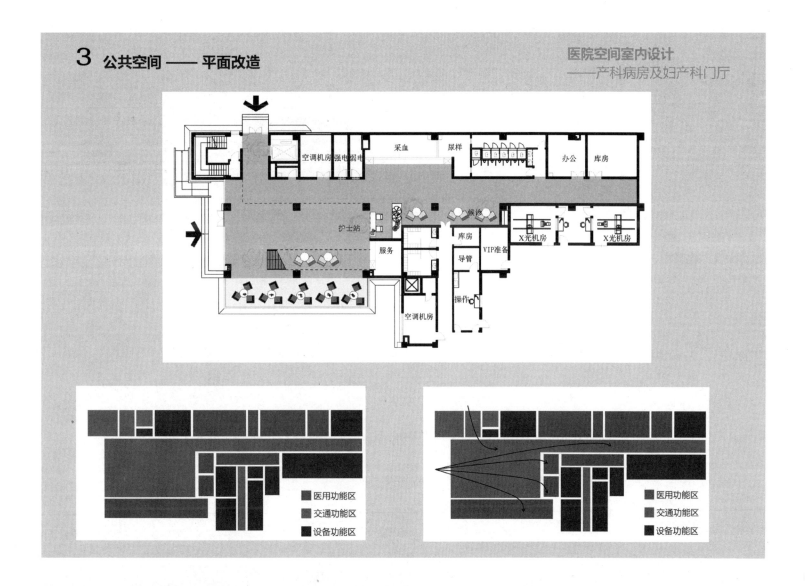

3 公共空间 —— 平面改造

3 公共空间 —— 概念分析

医院空间室内设计
——产科病房及妇产科门厅

循证设计需求	具体解决策略		
与自然的联系	室内种植植物	室外自然引入	自然元素引入
选择与控制	可调节灯光系统	可变家具	······
合意的消遣	休息区	早餐区	······
社会的支持	家属陪护	产妇间互相交流	医护人员关怀
环境影响因素	色彩	材料	······

3 公共空间 —— 概念分析

与自然的联系

自然元素引入

用于重要位置的铺地

用于大厅顶棚图案

用于墙面装饰

原来妇产科门厅外部是绿化，所以大片的玻璃幕墙就可以直接将自然引入。

为了呼应，人为加入玫瑰花这一个自然元素。

花朵元素图案化

花朵元素轮廓提取

元素轮廓抽象化

提取自然花朵颜色

图案再组合

3 公共空间 —— 概念对应的策略

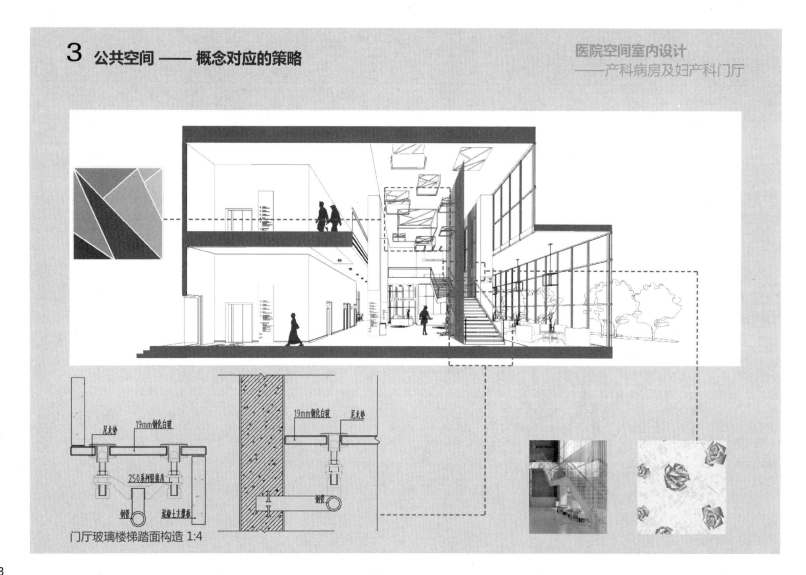

门厅玻璃楼梯踏面构造 1:4

3 公共空间 —— 标识系统分析

医院空间室内设计
——产科病房及妇产科门厅

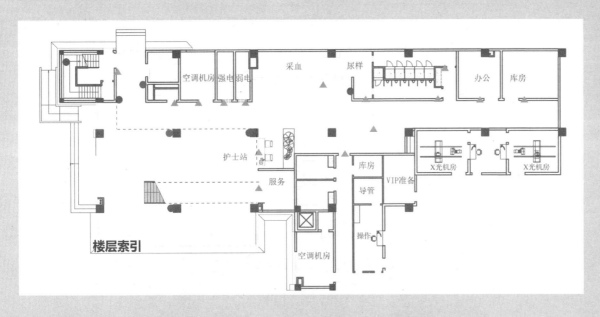

▲ 表示位置的附墙水牌

● 指示方向的附墙水牌

● 楼层索引

3 公共空间 —— 标识系统分析

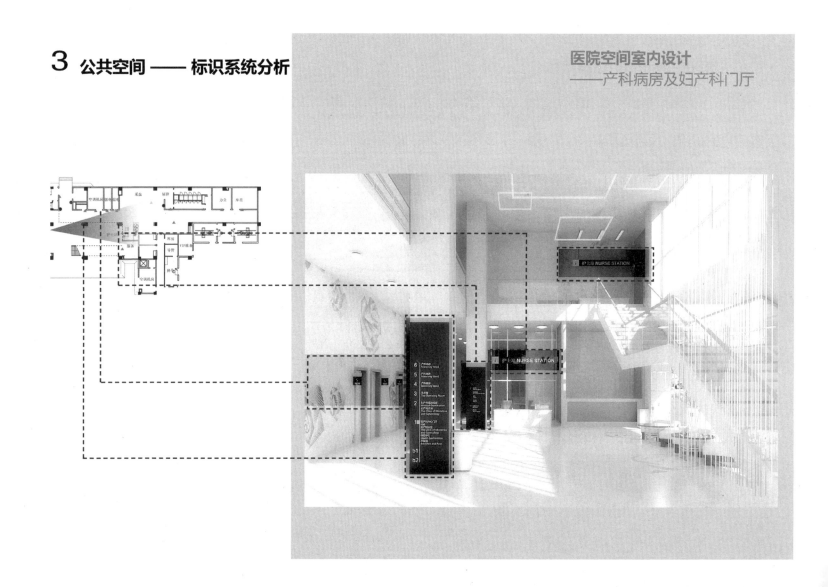

医院空间室内设计
——产科病房及妇产科门厅

3 公共空间 —— 标识系统分析

医院空间室内设计
——产科病房及妇产科门厅

3 公共空间 —— 标识系统分析

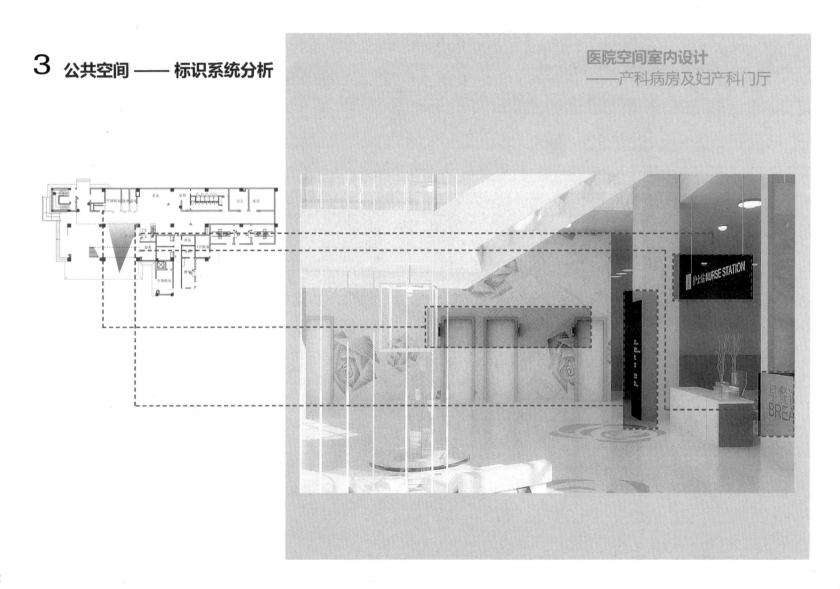

医院空间室内设计
——产科病房及妇产科门厅

3 公共空间 —— 标识系统分析

医院空间室内设计
——产科病房及妇产科门厅

3 公共空间 —— 标识系统分析

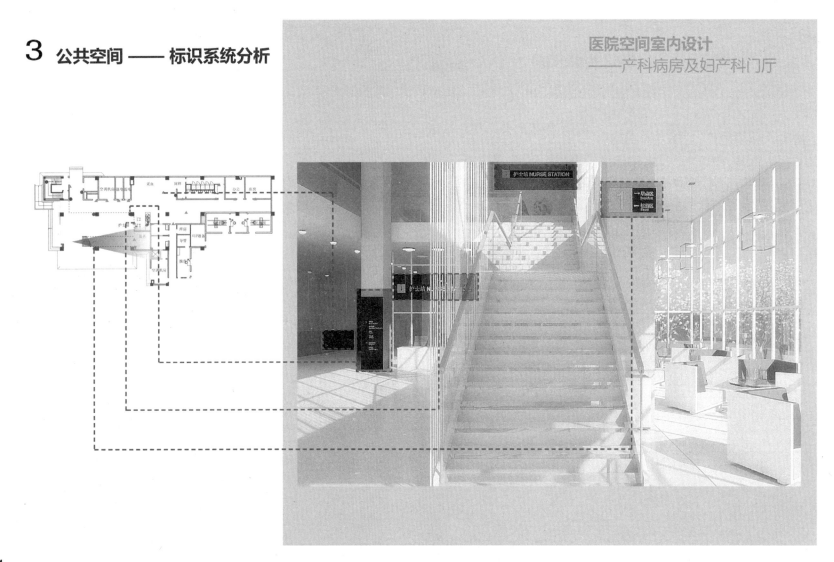

医院空间室内设计
——产科病房及妇产科门厅

3 公共空间 —— 渲染图

医院空间室内设计
——产科病房及妇产科门厅

3 公共空间 —— 渲染图

医院空间室内设计
——产科病房及妇产科门厅

3 公共空间 —— 渲染图

医院空间室内设计
——产科病房及妇产科门厅

3 公共空间 —— 渲染图

案例5

Healthcare

Obstetrics

医疗空间室内设计

—— 产科门诊候诊区与诊室

时间：2015.3.2 — 6.17
学生：王唯渊　1150333
指导老师：陈易　尤逸南

1 调研分析 —— 妇幼保健院

医院空间室内设计
——产科门诊候诊区与诊室

上海国际和平妇幼保健院概况

医院别名：上海交通大学医学院附属国际和平妇幼保健院
所在地区：上海市徐汇区衡山路 910 号
建院年份：1952 年
医院类型：国营
医院等级：三级甲等
医院历史：前国家名誉主席宋庆龄为保护妇女和儿童的健康，于 1952 年以她荣获的"加强国际和平"斯大林国际奖金创办的一所妇幼保健专科医院。

特色专科：产科、妇科

产科门诊区 2F 平面图

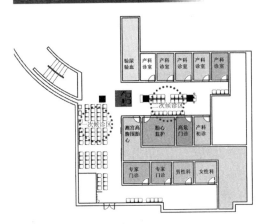

候诊空间·良好现状：
1. 楼梯使用率高，明显高于电梯；
2. 候诊空间较大，满足了人流量大的需求；
3. 候诊采用直接照明和间接照明，光线充足柔和，光环境较为合理；
4. 候诊对外采光通风较好，可获取室外景观。

产科门诊区候诊顶面图

▬▬ 连续灯槽
▬▬ 内嵌式灯带
• 消防喷淋
▫ 筒灯

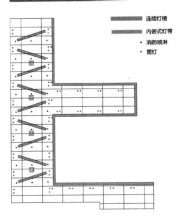

候诊空间·待改进现状：
1. 一次候诊区使用率明显高于二次候诊，二次候诊使用人数较少；
2. 陪护人员占用了孕妇的候诊空间，空间布局有不合理之处；
3. 候诊声环境较为嘈杂，孕妇明显带有紧张烦躁情绪；
4. 其他干预措施较少，电视机沦为摆设，没有艺术品等缓解情绪的陈设品。

1 调研分析 —— 妇幼保健院

诊室三种布局

诊室现状：

1. 面积较小，主要空间为：医生办公桌和产妇检查床；
   面积较大，主要空间为：医生办公桌，产科检查床和
   卫生间；
2. 总体来说，采光通风较差；
3. 等候区的噪声影响诊室内部的听诊；
4. 空间氛围较为呆板，与普通诊室无异，色彩未考虑女
   性化处理。

一级医院门诊规定：

1. 产科诊断室房屋面积不少于 12 m²；
2. 设有洗手设施及排水管道；
3. 诊科检查床与外界有屏风相隔；
4. 配有相应宣传资料；
5. 设有宣教橱窗或宣教版面及母乳哺养宣教挂图等。

二级医院门诊规定：

产科诊断室房屋面积不少于 15 m²；
其他同一级医院。

产科诊室必要设备规定：

皮尺听诊器　血压计　体温计　体重秤　计时钟
照明设施　　　检查室内设有洗手水池
胎心监护仪　　脐血流检测仪　糖筛查检测仪
妊高征检测仪　骨盆测量器　　多普勒胎心听诊仪

1. 产科初诊布局 3.7m×4.9m

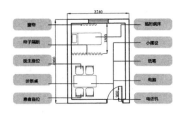

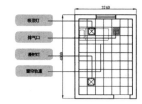

2. 产科诊室布局 4.2m×4.9m

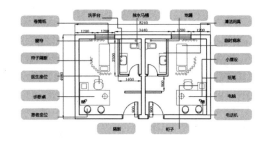

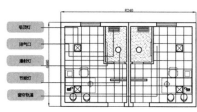

3. 胎心监护布局 5.6m×7.2m

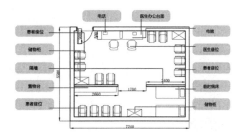

1 调研分析 —— 第一人民医院

上海第一人民医院北部概况

医院别名： 上海交通大学附属第一人民医院北院
所在地区： 上海市虹口区海宁路 100 号
建院年份： 1864 年——原名公济医院
医院类型： 国营综合医院
医院等级： 三级甲等
医院历史： 1864 年新建，2007 年经过盘整，功能布局更加以人为本，院容院貌发生巨大改变。

特色专科： 眼科，泌尿外科

5 号楼产科候诊 3F 平面图

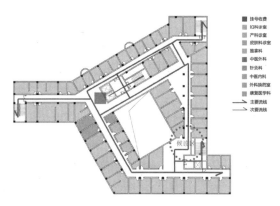

挂号收费
妇科诊室
产科诊室
皮肤科诊室
推拿科
中医外科
针灸科
中医内科
外科换药室
康复医学科
主要流线
次要流线

候诊空间·现状：
1. 候诊空间小，较为拥挤；
2. 候诊空间在流线必经的空间，候诊人员与途经人员之间会有碰撞，如果允许，最好，候诊空间与通道区分开；
3. 候诊空间采光很差，空间昏暗沉闷，影响候诊的情绪；
4. 候诊空间色彩单一无聊（与老式建筑有关）；
5、干预措施更少，没有电视机，没有陈设品，没有自然景观的引入。

诊室布置

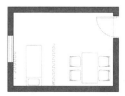

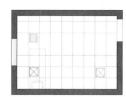

诊室空间·现状：
1. 布局常规，色彩常规；
2. 有自然采光，光环境良好；
3. 候诊嘈杂的声环境影响诊室的听诊。

1 调研分析 —— 现状总结及解决方案

产科诊室调研问题总结

空间色调太冷
诊疗中孕妇无比焦虑

采用粉色或橘色缓解紧张感

医生桌面杂乱
医生心烦
孕妇也感到焦躁

采用模块化家具，方便医生收纳

孕妇行动不便
小腹受到桌子的限制

工作桌与孕妇椅子的位置合理布置

产科候诊空间调研总结

候诊空间小
候诊与交通有交叉

交通空间与候诊空间间有明显界面

男士占用孕妇专座

家庭化候诊与二次候诊区别设计

等候过程无互动与交流

休息椅以内向型的方式布置

座椅为钢铁座椅，太过冰冷

以软质暖色沙发代替

2 公共空间 —— 原平面分析

原平面图   1:300

固定用房 诊室 候诊区 护士站 卫生间

功能布局图

妇产科中心位置

■ 本次毕业设计的基地，位于江苏盛泽医院妇产科中心的2层空间，所研究的部门为产科部门。

■ 设计包括两部分：产科门诊的候诊空间与诊室空间。

■ 2 层空间共有六部分组成：
1—固定空间，如库房、配电间、楼梯等；
2—1 个护士站；
3—3 个候诊厅；
4—20 个诊室；
5—1 个卫生间；
6—走道空间。

■ 除固定空间不能改变布局，其他空间均能微调。在保证门诊空间及其数量的前提下，优化空间布局与交通流线。

产科门诊的二层空间有五个与外界连通门，流线在这几个节点连接形成。

流线分析图

2 公共空间 —— 候诊形式的探索

医院空间室内设计
——产科门诊候诊区与诊室

原二层平面候诊空间为三个厅式候诊形式，而事实上候诊方式还有其他形式，从关于医疗空间的文献资料上以及医院案例分析中整理表格如下，分别分析其优缺点，为产科候诊空间的形式作出了进一步的探索。

候诊形式		平面示意	实景案例	优点	缺点	解决方式
厅式候诊	单面厅			1. 自然通风、采光良好； 2. 与室外景观联系紧密	1. 难以处理与二次候诊的关系； 2. 不易了解诊室排号情况	应用于就诊量较小的诊室
	双面厅			1. 自然通风、采光良好； 2. 与室外景观联系紧密； 3. 候诊空间大，环境舒适	1. 平面展开长度太大，候诊人员过于集中； 2. 不易了解诊室排号情况	采用电子信息呼叫系统
廊式候诊	双面廊			1. 节约候诊空间； 2. 便于了解诊室排号情况	1. 自然通风、采光差； 2. 室外景观缺乏直接联系； 3. 与交通空间交叠，干扰性强	适用于二次候诊空间，不适用于一次候诊空间，同时走道宽度适宜
	单面廊			1. 节约候诊空间； 2. 便于了解诊室排号情况	1. 自然通风、采光差； 2. 室外景观缺乏直接联系； 3. 与交通空间交叠，干扰性强	适用于二次候诊空间，走道宽度增加一点，避免与交通空间有较大的交叉
	外廊			1. 自然通风、采光良好； 2. 与室外景观联系紧密； 3. 便于了解诊室排号情况	与交通空间有一定的交叠，受到干扰	走道宽度增加一点，避免与交通空间有较大的交叉
绿荫候诊	绿荫候诊			1. 与自然联系紧密； 2. 缓解候诊空间拥挤感	1. 易受室外天气的影响； 2. 更难以了解诊室排号情况	可作为辅助候诊，将绿化候诊引入室内

2 公共空间 —— 候诊空间平面推演

■ 双面廊式等候空间：

1. 缺少一次等候区，分流效果差；

2. 人群流线与候诊空间叠合，秩序混乱；

3. 增加了与医疗街连通的门，位置合理；

4. 不适合廊式等候。

■ 产科 2F 现状平面：

1. 三个厅式等候区，空间划分清晰，流线清晰；

2. 一次候诊空间与护士站无联系，管理不便，候诊患者易感觉不受重视；

3.2F 卫生间正对一楼的候诊空间，需要修改位置；

■ 调整布局 1：

1. 三个功能块的布局进行替换；

2. 一次候诊区与护士站整合设计，设计为家属候诊区；

3. 卫生间设置于 1F 的验尿之上；

4. 诊室移换到医疗街旁，可以解决通风采光；

5. 增加与医疗街连通的门，有益于分流与通风；

■ 调整布局 2：

1. 利用凹墙空间增加 B 超区的候诊空间；

2. 增加二次候诊空间的绿化等自然景观；

3. 二次候诊空间设计均采用重点提亮空间的手法，使孕妇感到安全并且受重视。

■ 调整布局 3：

在立面上，将候诊空间与交通空间的分界区的界面以统一整合的手法处理，增强空间属性。

2 公共空间 —— 候诊空间三维设计

医院空间室内设计
——产科门诊候诊区与诊室

空间组织说明：

1. 公共空间的一次候诊区，将其设计为家庭化候诊空间，这样，孕妇与陪护人员的候诊得以分隔，同时增强喜悦感；

2. 二次候诊空间采用重点提亮的手法，增强孕妇的安全感与受重视感；

3. 将交通空间与候诊空间进行完全分隔，既优化流线，同时也增强了隐私性；

4. 在空间中增加不少干预措施——如陈设品、绿化、花卉灯具、电视机等缓解孕妇的情绪。

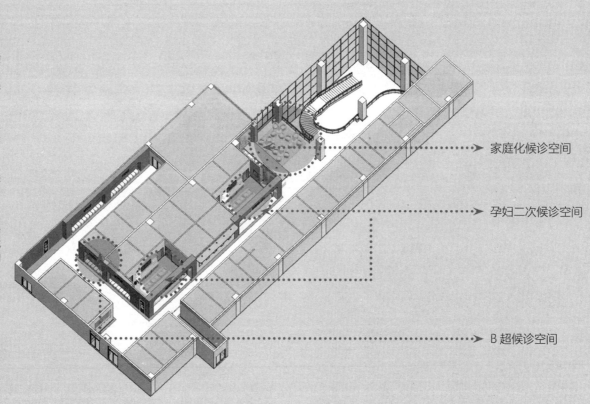

家庭化候诊空间

孕妇二次候诊空间

B 超候诊空间

2 公共空间 —— 平面布局图

候诊空间主要由三种候诊形式组成：

1. 一次候诊区采用家庭化候诊方式，将家属隔离在一次候诊等候；

2. 常规检查室前的二次候诊采用两个内向的厅式形式，避免了交通穿流或等候者来回出入之间造成的互相干扰；

3.B 超候诊区采用凹墙内设置座位的方式，旨在创造一个既能鼓励交流又能减少此交流的空间形式。

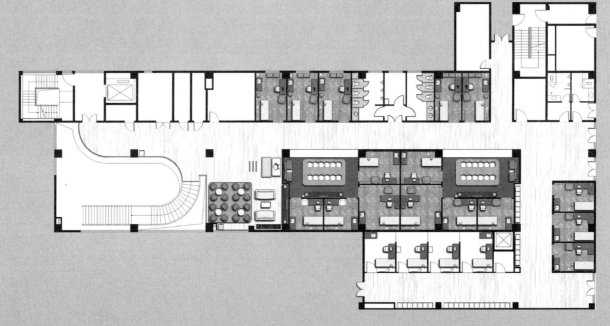

平面图　1:200

2 公共空间 —— 灯具布置图

医院空间室内设计
——产科门诊候诊区与诊室

灯具布置：

1.灯箱 —— 直接照明，使整个走道空间照度充足；

2.灯带 —— 间接照明，光线更为柔和均匀；

3.顶棚射灯 —— 大厅空间采用射灯平铺方式，使空间照度均匀充足，在二次候诊空间的重点提亮处均采用射灯，加强领域感与半私密性；

4 花卉灯具 —— 装饰性照明，增强了女性空间的主题元素。

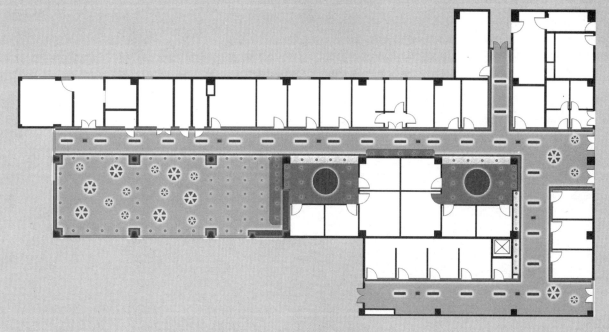

灯具布置图   1:200

2 公共空间 —— traceform 图解分析

人群对空间的使用分析图：

1. 空间的使用人群包括医生、孕妇、陪护家属；

2. 在公共空间的主要行为包括：等候、行走、交谈、查看标识、引导等等；

3. 根据需求人群对空间的使用，优化交通流线；用traceform 图解方式，检验空间流线的合理性。

TRACEFORM 图解   1:200

2 公共空间 —— 标识系统分析

医院空间室内设计
——产科门诊候诊区与诊室

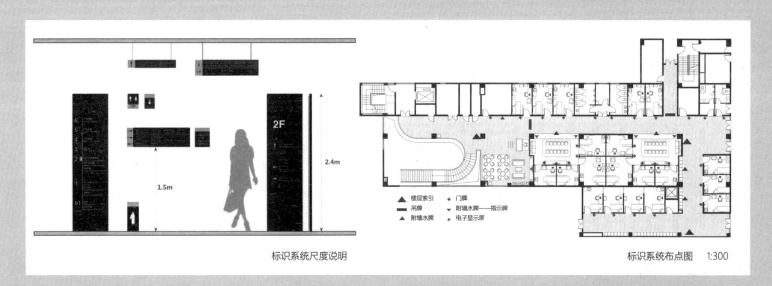

标识系统尺度说明

标识系统布点图　　1:300

标识系统说明：
1. 标识系统的高度设置，充分考虑孕妇的人体尺度；
2. 标识系统在空间布置上，以附墙水牌为主；
3. 主要色调为粉色与深褐色两种，字体采用白色衬在深褐色上；
4. 考虑孕妇的身形和看标识的便捷性，不做贴地标识。

2 公共空间 —— 剖透视分析

剖透视 1 —— 一次候诊厅

剖透视 2 —— B 超候诊区

剖透视 3 —— 二次候诊区 + 一次候诊厅

候诊空间手法说明：

1. 一次候诊厅面向所有来产科部门的人如医生、孕妇、家属等，空间较为通透与整体，强调空间的开放性，与一层通高空间与室外空间联系紧密；

2. 二次候诊区与 B 超候诊空间采用同一手法与形式，以重点提亮的围合方式，强调空间的领域性与私密性，同时也与交通空间有互相渗透的关系。

剖透视 3

剖透视 1

剖透视 2

2 公共空间 —— 光环境分析

候诊大厅日景模式照度水平

候诊大厅夜景模式照度水平

注：照度的英制单位为英尺烛光，即 Fc，1Fc=10.76lx

医院照度标准值规定（详见《建筑照明设计标准》GB50034）：

检查室	300lx
候诊室	200lx
护士站	300lx
走廊、厕所	100lx

2 公共空间 —— 光环境分析

二次候诊区照度水平

走廊照度水平

B 超候诊区照度水平

注：照度的英制单位为英尺烛光，即 Fc,1Fc=10.76lx

医院照度标准值规定（详见《建筑照明设计标准》GB50034）：

检查室　　　　300lx
候诊室　　　　200lx
护士站　　　　300lx
走廊、厕所　　100lx

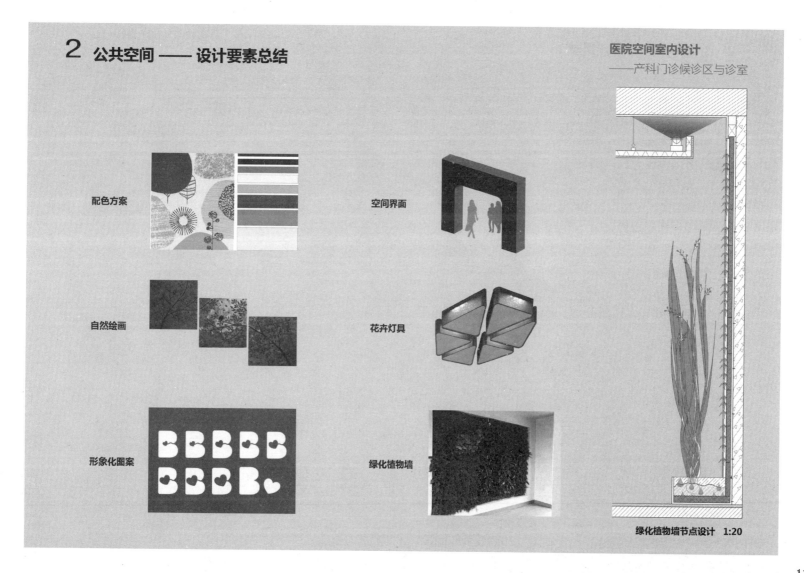

2 公共空间 —— 设计要素总结

配色方案

自然绘画

形象化图案

空间界面

花卉灯具

绿化植物墙

医院空间室内设计
——产科门诊候诊区与诊室

绿化植物墙节点设计　1:20

2 公共空间 —— 效果图

2 公共空间 —— 效果图

2 公共空间 —— 效果图

2 公共空间 —— 效果图

2 公共空间 —— 效果图

3 单元空间 —— 需求分析

　　根据前面的调研分析，总结分析产科诊室应该满足的需求，既有生理需求也有心理需求，既有刚性需求也有倾向性需求。而后期设计时，便以此为基础，在满足刚需的同时，也尽可能满足不同需求对象的倾向性需求。

空间模块	需求对象	需求名称	需要性质（需要为1，想要为0）	物品	a-与自然的联系 b-可选项与控制 c-合意的消遣 d-得到社会支持 e-环境性负面影响因素	空间模块	需求对象	需求名称	需要性质（需要为1，想要为0）	物品	a-与自然的联系 b-可选项与控制 c-合意的消遣 d-得到社会支持 e-环境性负面影响因素
咨询区	两者共同需要	交流，看诊	1	专业器械与设施	b	检查床区域	两者共同需要	看诊	1	产科检查床	b
		照明需要	1	灯具	e			照明需要	1	检查灯，吸顶灯或者壁灯等	b
		放置物件	1	工作台面	a			与室外的联系	0	窗，视线交流	a, c, e
		通风	1	窗，进出风口	a, b, c, e			采光	1	窗，直接采光	a, c, e
		保持空气清新舒适	1	材料，清新剂消毒剂	b, c, e			照镜子	0	镜子设置	c
		采光	1	窗	a, c, e			器械的用电	1	插座	b, c, e
	医护人员	医生服换取挂取	1	挂钩	b			空气舒适清新	0	进出风口	e
		叫号	1	呼叫机	b			温度适宜	0	中央空调	d, e
		办公	1	工作台	b		医护人员	看清检查部位	1	专业检查灯	b, d
		坐下来进行诊断等办公行为	1	椅子	b			丢废弃物	1	废物篓	e
		药品器械收纳与使用	1	收纳盒或收纳空间	b			清洁	1	洗手池，消毒液洗手液等	b, e
		电子记录、配药物等	1	电脑	b			拿取器械	1	储物柜，搁架等	b
		口罩手套的戴换	1	收纳盒	b		孕妇	舒服躺下	1	扶手等	b, d
		各种用电器的充电	1	收纳盒	c			缓解紧张情绪	1	绿化	c, e
		讲解与介绍	1	接线盒	b			查看状况了解信息	0	显示屏	b, d
		休息	0	躺椅	b, c	卫生间	两者共同需要	上厕所	1	马桶，纸巾盒	
		泡茶喝水等	1	饮水机或者咖啡机	b			防地面湿滑	1	地漏	
		对外联系	1	电话机	b,			洗手	1	洗水池，洗手液等	b, c
		突发情况的呼叫	0	急救机（桌面下方等相对隐蔽）	b, d			梳洗整理，照镜子	1	镜子	c
	孕妇	坐下来	1	椅子	b, c			通风	1	进出风口	e
		了解基本情况	1	手册盒，生理结构图	b			采光	1	灯具设置	e
		安静	1	吸声材料，隔声门窗	b, d, e		医护人员	换衣服	1	隔断门	b
		缓解紧张情绪	1	色彩等	b, c, e		孕妇	避免感染	1	装修材料	d, e
外走道	所有人	照明需要	1	线型灯具	e			防止滑倒	1	扶手，防滑材料	d
		较为舒适的通过	0	宽度设置合理以及镜面使用	d, d						
		了解该诊室以及医生的情况	1	吊牌	d						
	医护人员	相对安静	0	隔声门	b						
	孕妇	舒服地候诊	1	等候椅（或是沙发）	a, c, d						

3 单元空间 —— 国内外诊室平面对比

■ 中国常见诊室布局

咨询区
检查床
洗手池
卫生间

■ U.S. 妇产科诊室标准化布局

**Women's Health/GYN Exam Room
Equipment & Utility Plan**

■ U.S. 常规诊室布局与标配

血压计 SPHYGMOMANOMETER
耳镜/检眼镜 OTOSCOPE/OPHTHALMOSCOPE
照明器 反时镜 X光检查片 接线盒
ILLUMINATOR, X-RAY AND J-BOX
器械柜 INSTRUMENT CABINET
COAT HOOKS 挂衣钩

手套分发器 GLOVES DISPENSER
医用锐气盒 SHARPS CONTAINER
搁板 SHELF T-45
镜子 MIRROR
接线盒 J-BOX BELOW SINK FOR ELECTRONIC SENSOR OPERATED FAUCET
肥皂盒 SOAP DISPENSER
纸巾盒 PAPER TOWEL DISPENSER
废物篓 WASTE RECEPTACLE
模块化的工作台 MODULAR WORK STATION
接线盒 J-BOX BELOW WALL CABINET AND EMPTY RACEWAY FOR COUNTER TASK LIGHT (IF REQUIRED)
BULLETIN BOARD/ MAGAZINE/LITERATURE RACK 电子布告牌 杂志/书报架
CLOCK 时钟

ACCESSIBLE TOILET ROOM SEE GUIDE PLATE. 4-26

诊室主要由三个空间组成:
1. 医生与患者沟通的咨询区;
2. 检查台面用于诊疗;
3. 医生洗手洁污区。
如面积够大,也可内设卫生间。
(右图为产科诊室的流程)

咨询交流　　初诊检查　　听胎心查看胎儿状态　　洁污消毒　　结束看诊

3 单元空间 —— 平面组合模式及深化设计

医院空间室内设计
——产科门诊候诊区与诊室

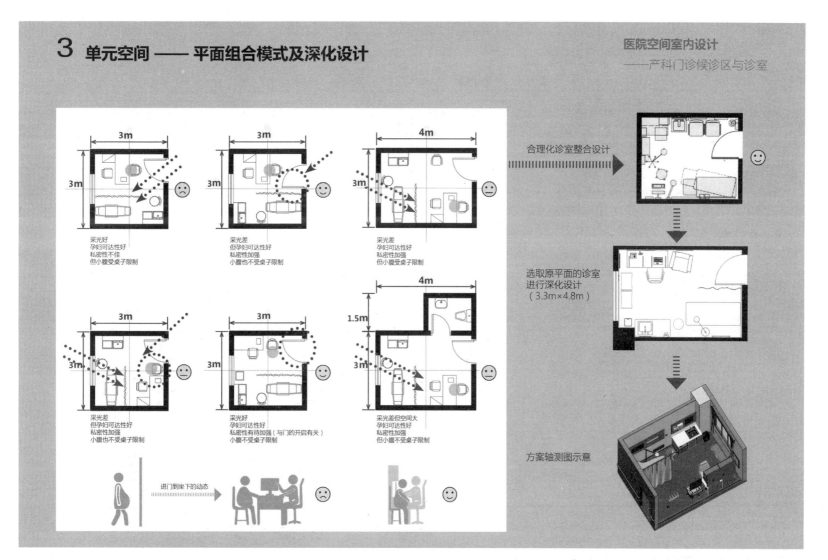

合理化诊室整合设计

选取原平面的诊室
进行深化设计
（3.3m×4.8m）

方案轴测图示意

3 单元空间 —— 行为模式分析

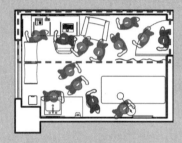

医生行为模式说明 1

1. 医生进入诊室
2. 开灯，采光照明
3. 换取衣物，放包
4. 坐下进行办公，开灯
5. 医用器械的收纳
6. 口罩、手套等拿取
7. 叫号
8. 交流询问，看诊
9. 仔细讲解，生理结构图与电脑显示等
10. 做记录、配药物
11. 必要时查阅书籍
12. 给各种用电器充电
13. 泡茶喝水喝饮料
14. 打电话，联系外界
15. 调节椅子高度，休息片刻
16. 远望，看窗外的景色
17. 突发状况（如医患问题、紧急生产等）
    时的呼救

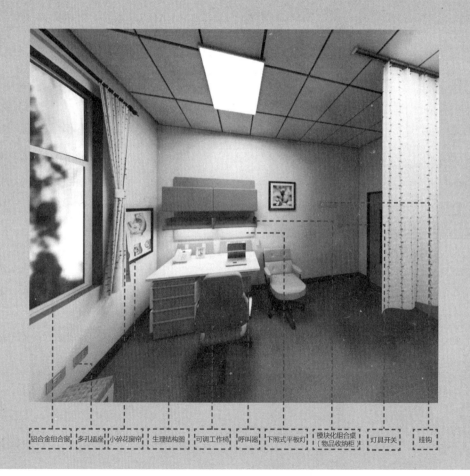

铝合金组合窗　多孔插座　小碎花窗帘　生理结构图　可调工作椅　呼叫器　下照式平板灯　模块化组合桌（物品收纳柜）　灯具开关　挂钩

3 单元空间 —— 行为模式分析

医生行为模式说明 2

1. 拉上垂帘确保隐私性
2. 调整检查床的高度
3. 在仪器条上挂取相应物品
4. 打开照明灯具
5. 打开医用检查灯
6. 拿取必要医用器械
7. 坐在检查椅上检查诊断
8. 口罩、手套等拿取
9. 打开显示屏，进行讲解与说明
10. 开窗通风采光
11. 洗手洁污
12. 照镜子整理仪容
13. 打开空调
14. 扔垃圾
15. 给各种用电器插电、充电
16. 泡茶喝水喝饮料
17. 烧水，洗杯子
18. 打开柜门储物与拿取物品
19. **看窗外的风景**

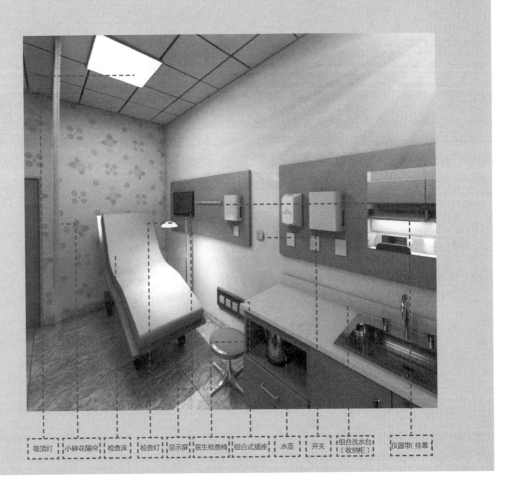

| 吸顶灯 | 小碎花隔帘 | 检查床 | 检查灯 | 显示屏 | 医生检查椅 | 组合式插座 | 水壶 | 开关 | 组合洗水台（收纳柜） | 仪器带（挂靠） |

3 单元空间 —— 行为模式分析

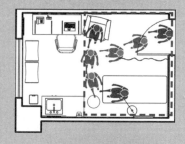

孕妇行为模式说明

1. 孕妇进入，快速便捷地坐下
2. 将包方便地挂放，其他移交给医生
3. 调整椅子高度，以便舒服听诊
4. 跟医生进行交流，咨询情况
5. 看生理结构图，了解相应的情况
6. 便捷地走向检查床
7. 舒服地躺下
8. 拉上帘子保持私密性，获取安全感
9. 看显示屏，听医生讲解与说明
10. 必要时，泡茶喝水喝饮料
11. 开窗通风采光
12. 必要时，便捷地给自己的用电器充电
13. 洗手洁污
14. 照镜子整理仪容
15. 看窗外缓解紧张情绪
16. 地板防滑，保障安全性
17. 孕妇接触的材质多采用软质

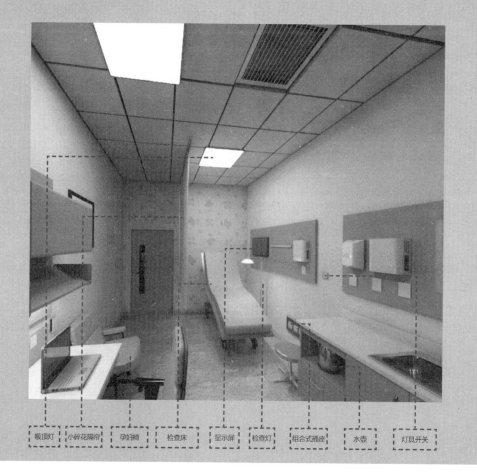

| 吸顶灯 | 小碎花隔帘 | 孕妇椅 | 检查床 | 显示屏 | 检查灯 | 组合式插座 | 水壶 | 灯具开关 |

3 单元空间 —— 行为模式分析

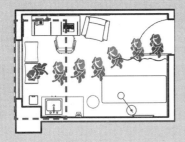

陪护者（特殊情况允许）行为模式

1. 推门进入诊室
2. 在孕妇椅旁边查看诊疗情况
3. 看生理结构图
4. 调节休息椅高度，坐下等候
5. 与医生交流沟通
6. 烧水，给孕妇或自己倒水，喝水
7. 等待时看窗外的景色
8. 有可能也需要洗手
9. 为医生孕妇拉窗帘
10. 必要时，给用电器充电
11. 坐着听医生讲解与介绍
12. 扔垃圾
13. 开灯进行照明
14. 开窗通气采光

除雾镜子　烧水壶　感应垃圾桶　铝合金组合窗　休息椅　组合式插座　生理结构图　小碎花窗帘

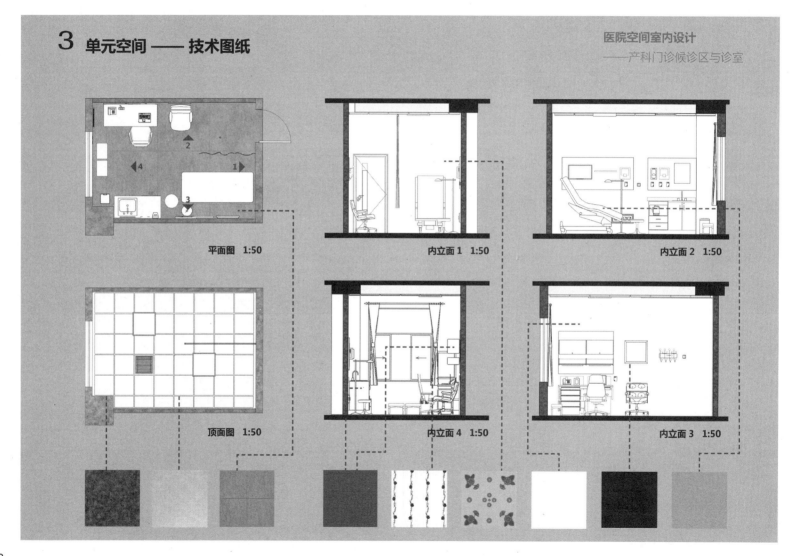

3 单元空间 —— 技术图纸

平面图 1:50

顶面图 1:50

内立面 1 1:50

内立面 2 1:50

内立面 4 1:50

内立面 3 1:50

3 单元空间 —— 具体家具说明

□ 模块化工作桌 —— Carolina

□ 孕妇组合椅 —— Stellcase

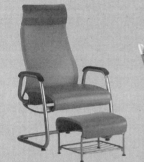

□ 医用检查床 —— Tiger Medical

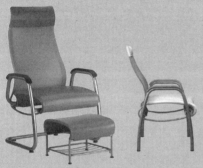
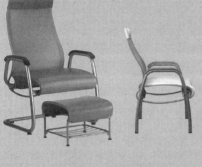

□ 医生椅子 —— Herman Miller

□ 模块化洗水池 —— Herman Miller

□ 设备挂架 —— Herman Miller

3 单元空间 —— 渲染图

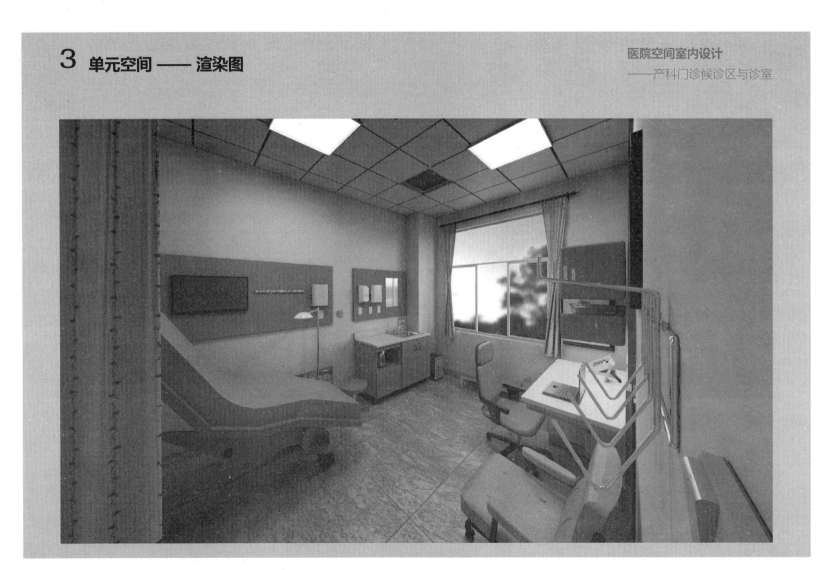

3 单元空间 —— 渲染图

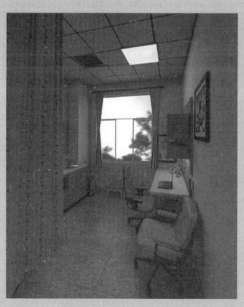  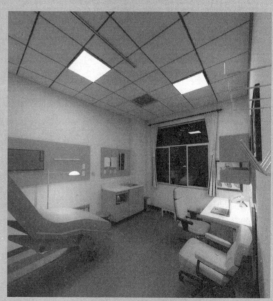

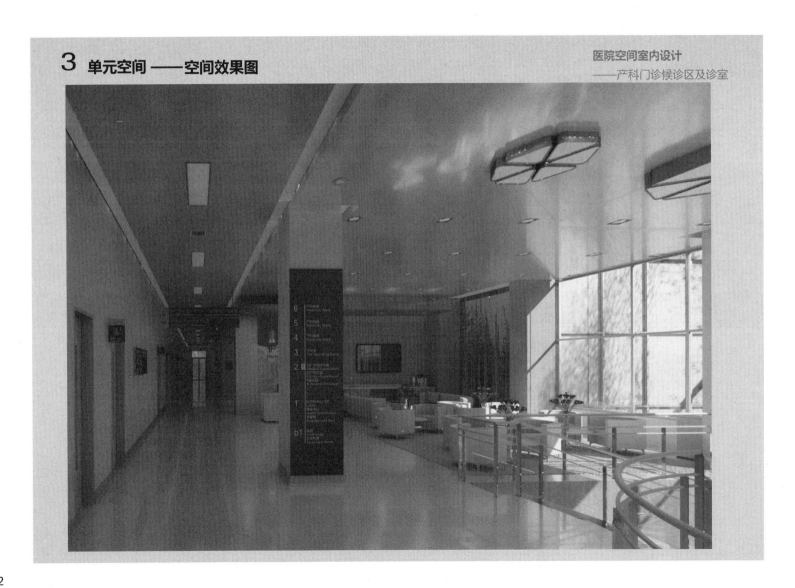

3 单元空间 —— 空间效果图

案例6

Healthcare
Interior

医疗空间室内设计
—— 普通病房与住院部大厅、医疗街

时间：2015.3.2 — 6.17
学生：张辰　　1150335
指导老师：陈易　尤逸南

调研分析

医疗空间室内设计
—— 普通病房及公共空间

上海长海医院

等级：三级甲等

类型：综合性医疗、教学、科研医院

地址：上海市杨浦区长海路 174 号

简介：医院占地 32 万平方米，建筑面积 27.6 万平方米，其中工作用房 17.6 万平方米，生活用房 10 万平方米，实现了医疗区、教学科研区、生活区三区分离。现拥有病房大楼、科技大楼、医技楼、第二医技楼、胸心疾病诊治大楼、门急诊楼、影像诊断中心楼、感染科楼、康宾楼、生殖研究中心楼、制剂楼等医疗建筑群布局合理、设施先进。

门诊大厅平面图

病房楼平面图

门诊大厅空间现状：

1. 大厅主要功能集中在一层，流线导向比较清晰；
2. 在大厅的四个通高中庭在整个大厅空间中层次感明确；
3. 功能分区明确，使得横纵两条轴线关系明确；
4. 门诊大厅的标识系统比较统一，由于长海医院是一个军医大学附属医院，标识系统也沿用不同明暗度的军绿色作为主要色系；
5. 但就辨识度而言，不如瑞金医院的蓝色辨识度更高。

病房楼现状：

1. 病房楼内部灯光昏暗；
2. 病房楼的标识系统比较杂乱，有绿色、蓝色、红色等，且标识间没有什么联系；
3. 由于病房楼是两个环相套的形式，导向型不明确；
4. 内设中庭，使得采光较好，但人造光不足。

调研分析

医疗空间室内设计
——普通病房及公共空间

上海瑞金医院

等级：三级甲等
类型：综合性公立教学医院（上海交通大学医学院附属）
地址：上海市瑞金二路 197 号（永嘉路口）
简介：医院共设有 1000 床位，42 个临床科室、8 个医技科室；现有国家教育部重点学科 4 个（血液病学、内分泌与代谢病学、心血管病学、神经病学），国家临床重点专科项目 18 个。

门诊大厅平面图

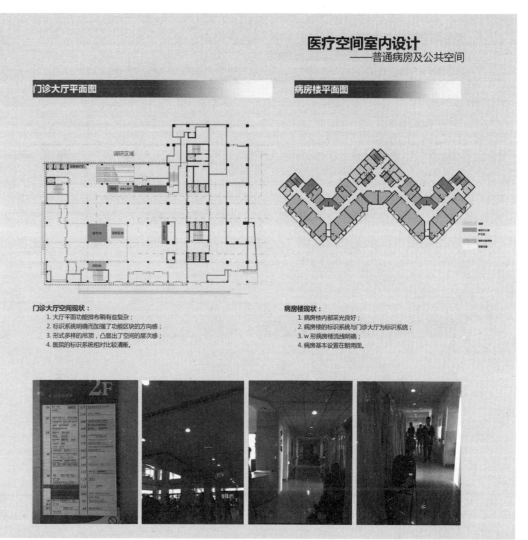

门诊大厅空间现状：
1. 大厅平面功能排布稍有些复杂；
2. 标识系统明确而加强了功能区块的方向感；
3. 形式多样的吊顶，凸显出了空间的层次感；
4. 医院的标识系统相对比较清晰。

病房楼平面图

病房楼现状：
1. 病房楼内部采光良好；
2. 病房楼的标识系统与门诊大厅为标识系统；
3. w 形病房楼流线明确；
4. 病房基本设置在朝南面。

调研分析

医疗空间室内设计
——普通病房及公共空间

上海瑞金医院

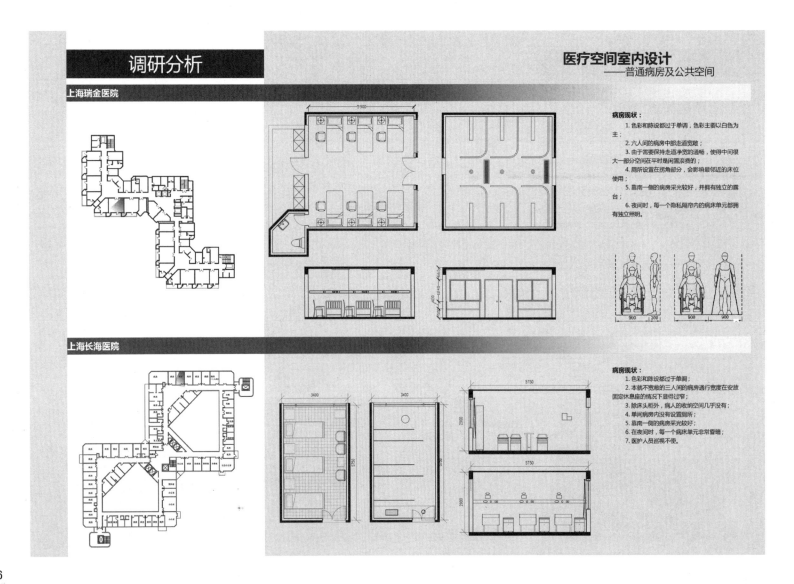

病房现状：

1. 色彩和陈设都过于单调，色彩主要以白色为主；

2. 六人间的病房中部走道宽敞；

3. 由于需要保持走道净宽的通畅，使得中间很大一部分空间在平时是闲置浪费的；

4. 厕所设置在拐角部分，会影响最邻近的床位使用；

5. 靠南一侧的病房采光较好，并拥有独立的露台；

6. 夜间时，每一个隐私隔帘内的病床单元都拥有独立照明。

上海长海医院

病房现状：

1. 色彩和陈设都过于单调；

2. 本就不宽敞的三人间的病房通行宽度在安放固定休息座的情况下显得过窄；

3. 除床头柜外，病人的收纳空间几乎没有；

4. 单间病房内没有设置厕所；

5. 靠南一侧的病房采光较好；

6. 在夜间时，每一个病床单元非常昏暗；

7. 医护人员巡视不便。

医疗空间室内设计
——普通病房及公共空间

需求分析	病人	所需物品	备注
活动	同陪护人员交流 使用卫生间 睡眠 淋浴 取用物品（衣物或其他） 紧急情况转移 休闲娱乐 出入病房 与其他患者、家属交流	床边休息座 卫生间（马桶、淋浴、盥洗台） 医用病床 储藏柜 电视机 卫生间无障碍设施（马桶、淋浴） 回风口，窗 每隔间单独的照明设施 空调设施 隔帘 绿化、艺术品 床头柜 顶面输液导轨 盥洗台 折叠床 陪护座 各类照明（每单元、整体、微光）	1. 卫生间：淋浴、洗手台尺度非常规，首要考虑患者 2. 储藏柜：需要陪护人员帮助 3. 紧急情况转移：通道、子母门保证病床通过 4. 出入病房：宽度满足轮椅以及病床出入 5. 隐私：空间越大人数越少，隐私性越高 6. 被重视程度：整体空间品质及环境、医生陪护人员态度 7. 饮食：床可移动挡板，若为家庭式病房，可设置小型厨房
心理	隐私 被重视 良好视觉环境 归属感与自我实现		
生理	安全，无障碍，不跌倒观影 清洁卫生，无污染 良好的通风，无异味 良好的照明 良好的采光 适宜的温度 安静		
康复	饮食 药物（点滴）		

医疗空间室内设计
——普通病房及公共空间

需求分析	活动	医护人员	所需物品	备注
		巡视 查看病情 与患者、家属对话 紧急情况转移病人	照明 休息座 患者病床编号及信息 医用病床	紧急情况转移：通道、子母门保证病床通过

需求分析	活动	家属、陪护人员	所需物品	备注
		陪伴和照顾患者 等候与休息 使用卫生间 病患使用物品存放取用 与医生的交流 与其他患者、家属交流 进门洗手消毒 洗水果、碗具等 吃饭 陪夜	休息座 照明 休息座、桌 患者病床编号及信息 医用病床 折叠床 隔帘 陪护座 储藏柜	1. 照顾患者：若为家庭式病房，则活动更丰富 2. 与医生交流：若为家庭式病房，可避开患者单独交流 3. 盥洗台：可单独设置 4. 隔帘：空间越大人数越少，隐私性越高
	生理	隐私 与患者保持近距离		

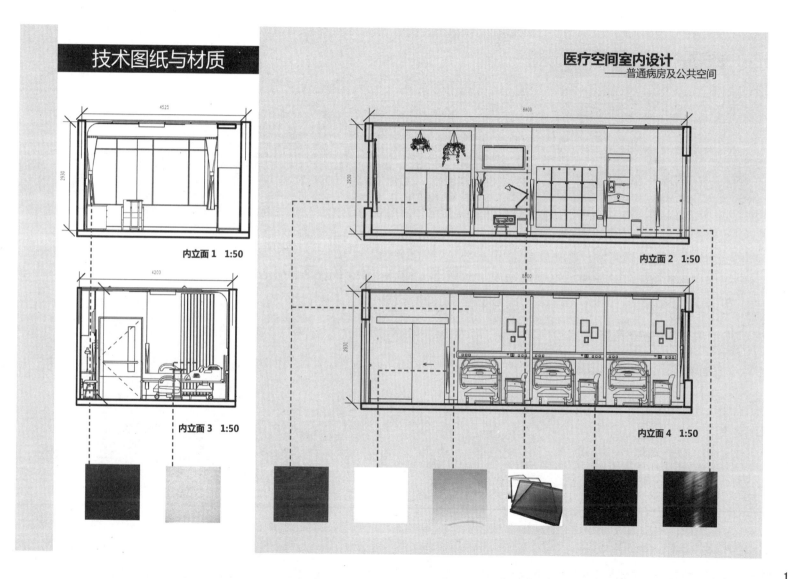

技术图纸与材质

医疗空间室内设计
——普通病房及公共空间

内立面1 1:50

内立面3 1:50

内立面2 1:50

内立面4 1:50

病房使用说明

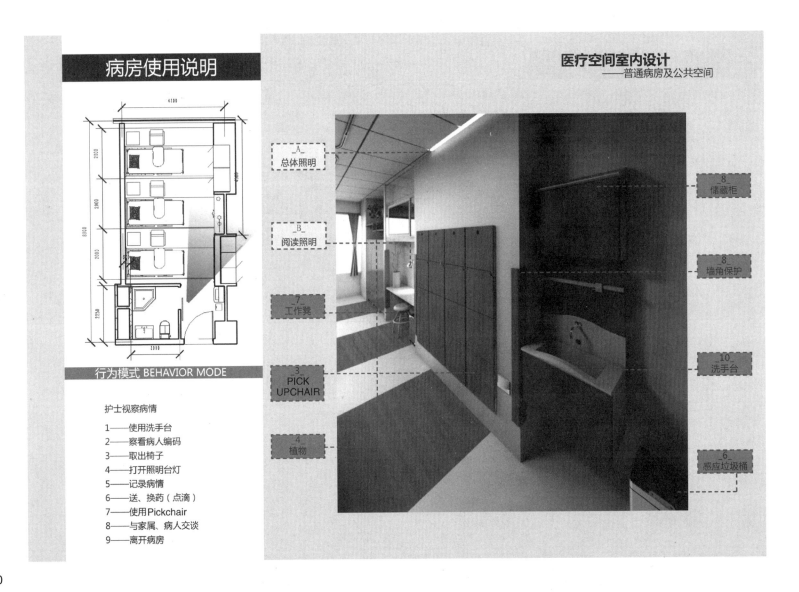

行为模式 BEHAVIOR MODE

护士视察病情

1——使用洗手台
2——察看病人编码
3——取出椅子
4——打开照明台灯
5——记录病情
6——送、换药（点滴）
7——使用Pickchair
8——与家属、病人交谈
9——离开病房

A_
总体照明

_B_
阅读照明

_7_
工作凳

_3_
PICK
UPCHAIR

_4_
植物

_8_
储藏柜

_8_
墙角保护

_10_
洗手台

_6_
感应垃圾桶

病房使用说明

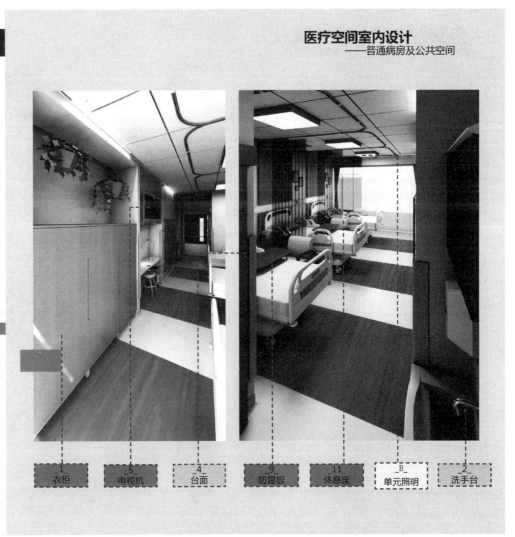

行为模式 BEHAVIOR MODE

家属探视

1——使用洗手台
2——找到病人
3——坐下与病人交谈
4——取用衣物
5——察看（签署）病情
6——替病人送、换药（点滴）
7——使用Pickchair（多人）
8——与其他病人交谈
9——扔垃圾
10——看电视
11——使用电子设备
12——离开病房

医疗空间室内设计
——普通病房及公共空间

| _1_ 衣柜 | _5_ 电视机 | _4_ 台面 | _9_ 防踢板 | _11_ 休息座 | _B_ 单元照明 | _2_ 洗手台 |

病房使用说明

医疗空间室内设计
——普通病房及公共空间

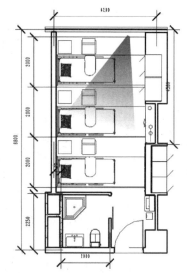

行为模式 BEHAVIOR MODE

病人日常（日间）

1——在病床上休息
2——挂点滴
3——与家属、护士交谈
4——隐私保护
5——移开移动挡板
6——下床（使用卫生间、出病房）
7——使用移动挡板
8——吃饭
9——摆放日常用品

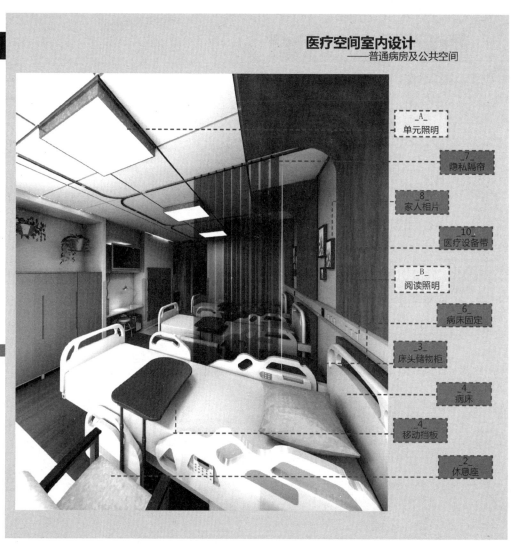

_A_
单元照明

_7_
隐私隔帘

_8_
家人相片

_10_
医疗设备带

_B_
阅读照明

_6_
病床固定

_3_
床头储物柜

_4_
病床

_4_
移动挡板

_2_
休息座

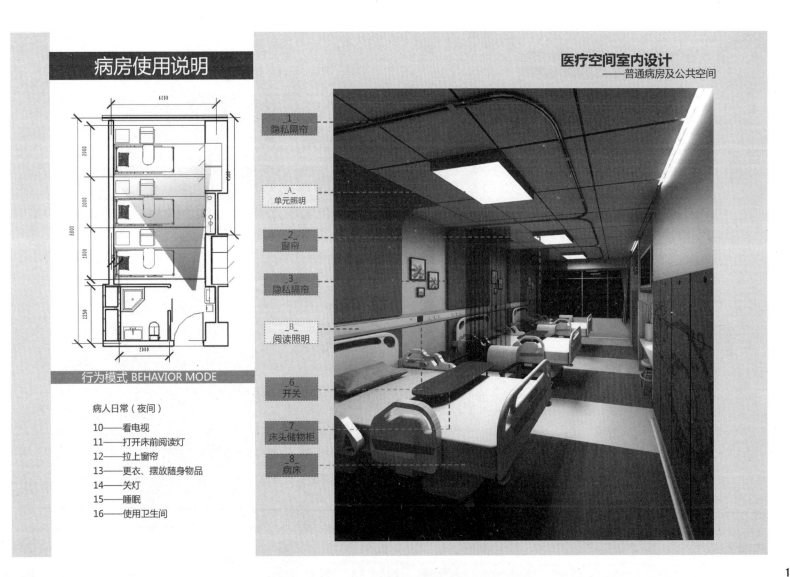

病房使用说明

行为模式 BEHAVIOR MODE

病人日常（夜间）

10——看电视
11——打开床前阅读灯
12——拉上窗帘
13——更衣、摆放随身物品
14——关灯
15——睡眠
16——使用卫生间

医疗空间室内设计
——普通病房及公共空间

1 隐私隔帘
A 单元照明
2 窗帘
3 隐私隔帘
B 阅读照明
6 开关
7 床头储物柜
8 病床

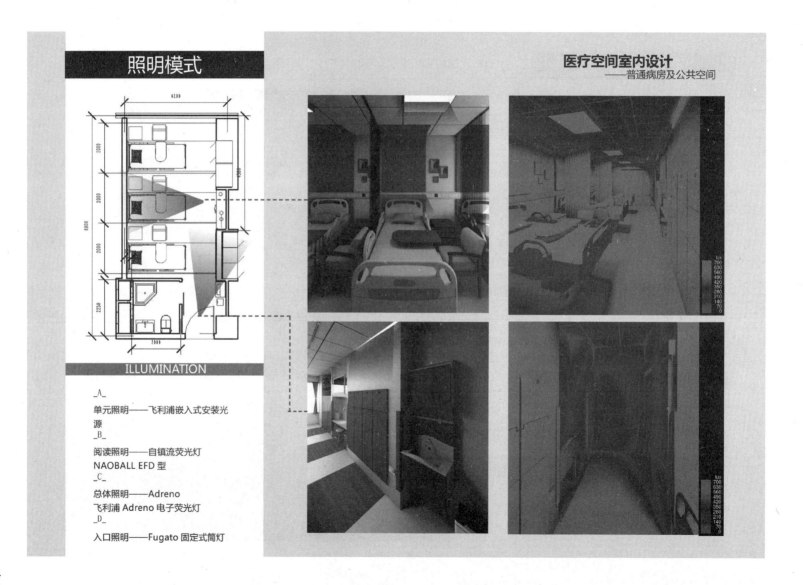

照明模式

ILLUMINATION

_A_

单元照明——飞利浦嵌入式安装光源

_B_

阅读照明——自镇流荧光灯
NAOBALL EFD 型

_C_

总体照明——Adreno
飞利浦 Adreno 电子荧光灯

_D_

入口照明——Fugato 固定式筒灯

医疗空间室内设计
——普通病房及公共空间

产品选择

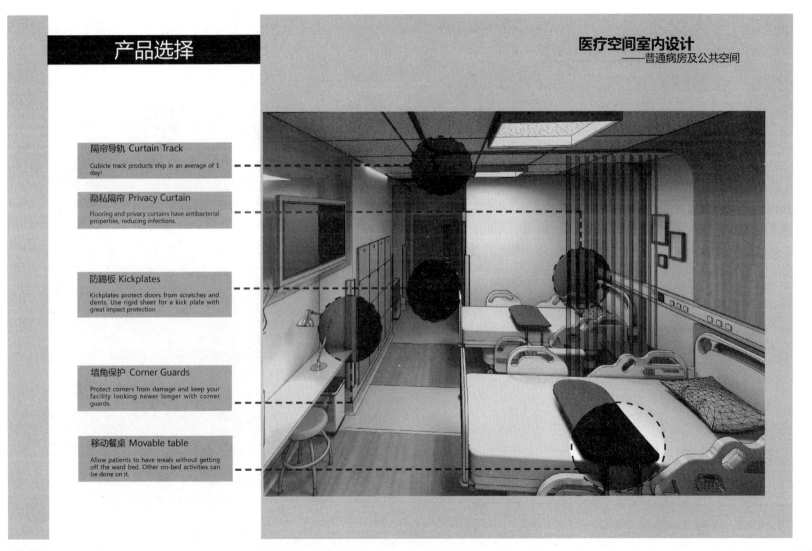

隔帘导轨 Curtain Track

Cubicle track products ship in an average of 1 day!

隐私隔帘 Privacy Curtain

Flooring and privacy curtains have antibacterial properties, reducing infections.

防踢板 Kickplates

Kickplates protect doors from scratches and dents. Use rigid sheet for a kick plate with great impact protection

墙角保护 Corner Guards

Protect corners from damage and keep your facility looking newer longer with corner guards.

移动餐桌 Movable table

Allow patients to have meals without getting off the ward bed. Other on-bed activities can be done on it.

产品选择

飞利浦电视 Phlip TV

A 42-inch, flat-screen TV with patient engagement system provides entertainment options for adult and child patients.

折叠椅 Pick Chair

Allow accompany and visitors to pick from the wall and assemble into a chair, maximize the path width.

感应式垃圾桶 Sensor Trash

High level of hygiene and can automatically open when hands are nearby

微光照明 Low-level lighting

Low-level lighting under the bed and on the wall below the handrail, leading from bed to the bathroom, help improve safety at night.

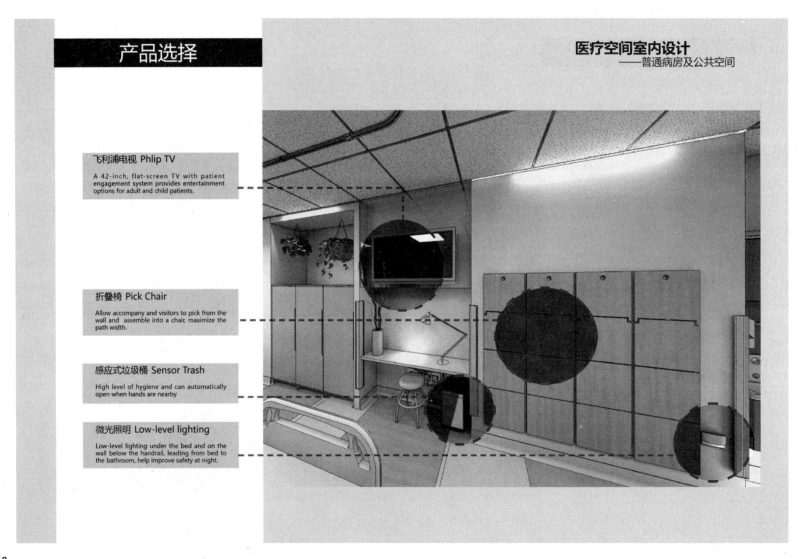

公共空间 平面布置及分区

医疗空间室内设计
——普通病房及公共空间

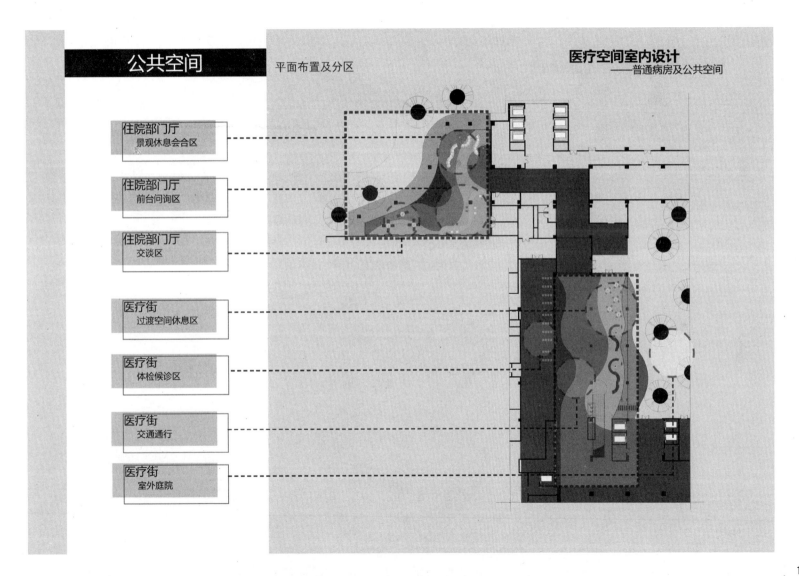

住院部门厅
景观休息会合区

住院部门厅
前台问询区

住院部门厅
交谈区

医疗街
过渡空间休息区

医疗街
体检候诊区

医疗街
交通通行

医疗街
室外庭院

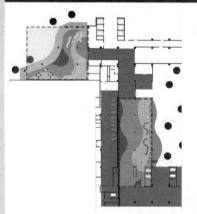

公共空间——改造分析

公共空间——流线及区块

　　医疗街、住院部大厅流线：医疗街三层通高，在每一层通向不同的功能区，使此二部分公共空间的人流动配比的不同。

　　在一层部分，患者、家属的流动量最大，其公共性也最强，因此在设计中重点考虑其视觉要素，视觉体验；在二三层部分，其功能性更强，在设计中简化视觉要素，使室内装饰更纯净。

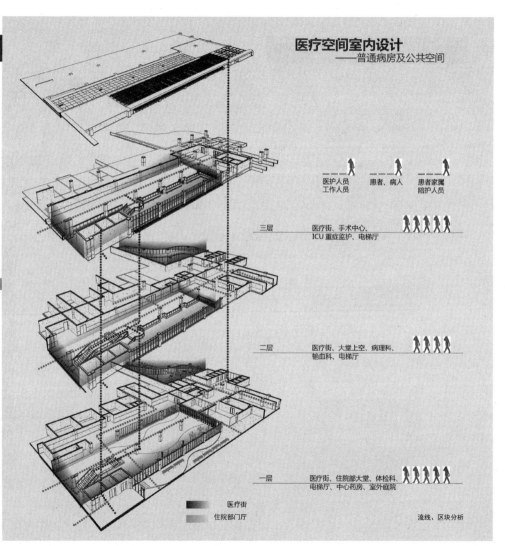

医疗空间室内设计
——普通病房及公共空间

医护人员
工作人员

患者、病人

患者家属
陪护人员

三层　医疗街、手术中心、
ICU 重症监护、电梯厅

二层　医疗街、大堂上空、病理科、
输血科、电梯厅

一层　医疗街、住院部大堂、体检科
电梯厅、中心药房、室外庭院

医疗街

住院部门厅

流线、区块分析

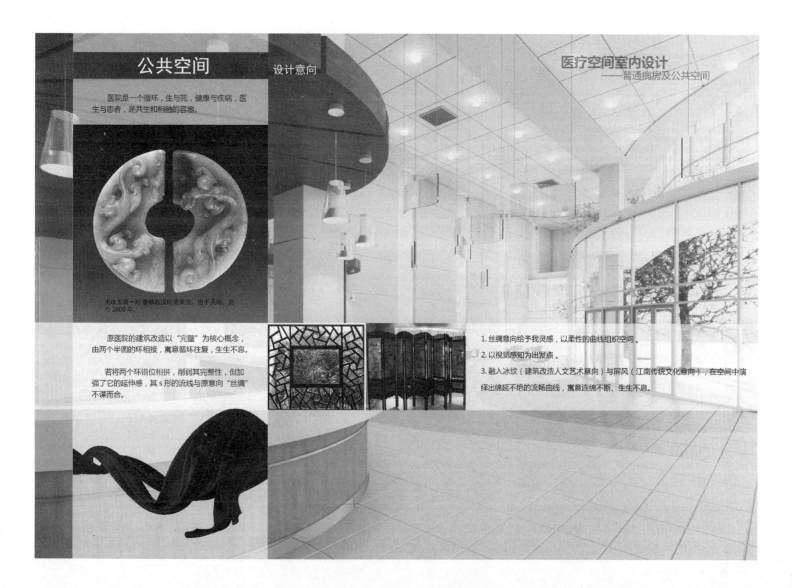

公共空间　设计意向

医院是一个循环，生与死，健康与疾病，医生与患者，是共生和相触的容器。

虎纹玉璜一对 春秋战国时期做玉，出于吴地，距今 2600 年。

原医院的建筑改造以"完璧"为核心概念，由两个半圆的环相接，寓意循环往复，生生不息。

若将两个环错位相拼，削弱其完整性，但加强了它的延伸感，其 s 形的流线与原意向"丝绸"不谋而合。

医疗空间室内设计
——普通病房及公共空间

1. 丝绸意向给予我灵感，以柔性的曲线组织空间。

2. 以视觉感知为出发点。

3. 融入冰纹（建筑改造人文艺术意向）与屏风（江南传统文化意向），在空间中演绎出绵延不绝的流畅曲线，寓意连绵不断、生生不息。

策略手法

医疗街

界面——医疗街与体检等候区

　　体检科等候区与医疗街之间的空间关系需要一个暧昧的处理方式，等候区既希望与医疗街有所联系，两者之间又需要有所分隔。

　　借助折叠屏风的意向，将两者之间用带有自然图案的磨砂玻璃板分隔。

　　玻璃板又像屏风一样有自由度，可自由转动，当屏风闭合时，医疗街中只有光影可以透过；当屏风打开时，两个空间之间可以有视线交流。

策略手法

医疗街

医疗空间室内设计
——普通病房及公共空间

光影渗透——彩色玻璃

由于其中一侧玻璃幕墙直接对着医院的内庭院，以人流的视线焦点为重点，设计局部彩色玻璃幕墙，以蓝绿色为主、红黄色辅助，与室内设计的色系相吻合，不仅作为一个视觉元素，同时也改变了对于医疗街内部日照的光线色彩。此做法同时也沿用到门厅设计中。

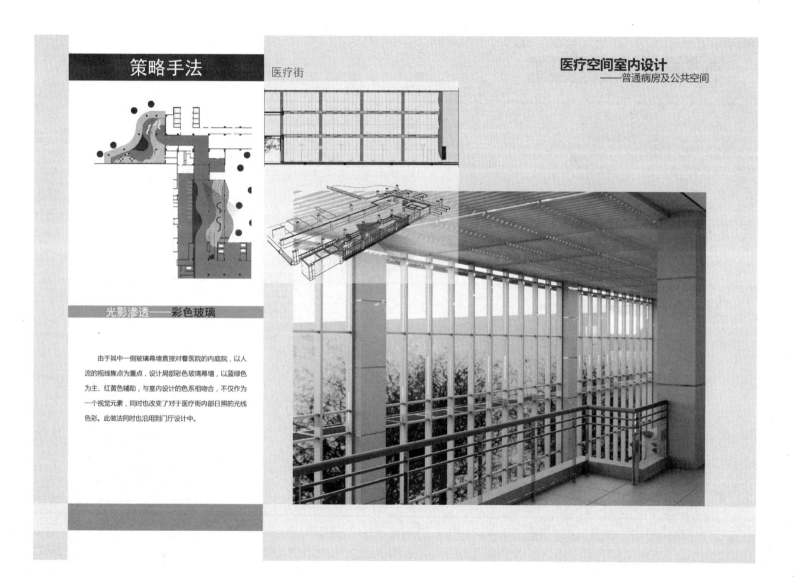

策略手法

医疗街

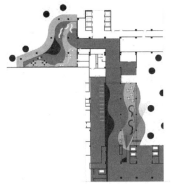

界面——室内与庭院

医疗街紧靠内庭院，对于室内室外的关系处理尤其重要，设计希望室内的休息区的一部分融入室外庭院，而室外庭院的一部分延伸至室内，在玻璃幕墙两侧的室内室外采用同样的鹅卵石铺地，同时室内配合类似路灯的柔和照明，形成一种半室外的感觉。

策略手法

医疗街

医疗空间室内设计
—— 普通病房及公共空间

界面——丝绸墙

　　医疗街中庭中电梯厅的外墙面是整个空间中唯一一个完整的界面，同时它也是作为过渡空间的中庭休息区的背景墙面，因此希望它能有汇聚视线，在一个带有负面情绪的医院环境中让人有眼前一亮的感觉。

　　在设计中以丝绸为灵感，对此墙面进行特殊的处理，以不同曲度的冰纹玻璃板，互相有间隔得叠合，创造出一个完整柔顺的"丝绸墙"。

策略手法

住院部大厅

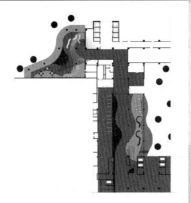

装饰——青琉璃

在大厅的吊顶垂下参差错落的曲面彩色琉璃，增添大堂的艺术氛围，琉璃的曲度也与空间的曲度相吻合，呼应了丝绸概念的 s 形曲线。

在色彩选择上，选取波长较长的青色，有利于创造平静的空间氛围。

策略手法

住院部大厅

界面——冰纹背景墙

墙面内嵌冰纹玻璃板，同时由凹槽处的线形灯光对其进行照明，使发光的冰纹更容易被人所感知。在阴天或黄昏时，冰纹玻璃板所释放出的反光也作为两层高的顶棚上筒灯的补充照明，使人感到明亮温暖。

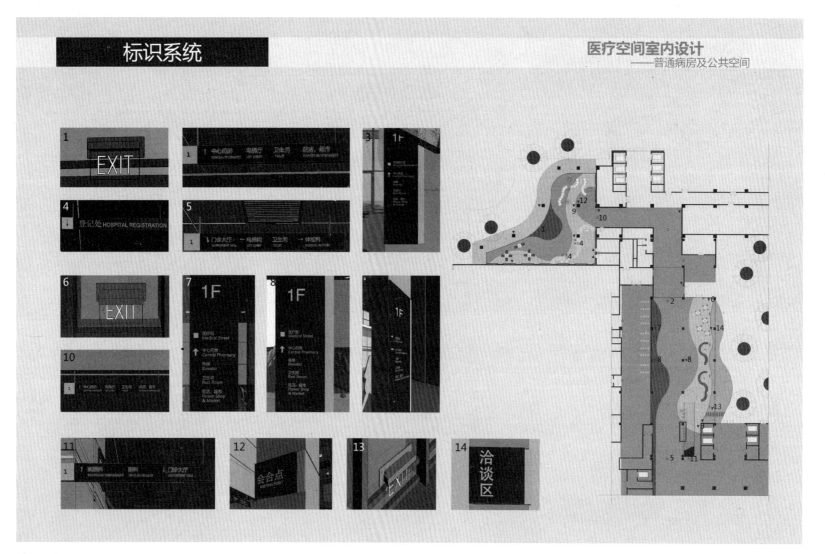

标识系统

医疗空间室内设计
——普通病房及公共空间

照明模式

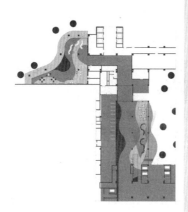

ILLUMINATION

_A_

过道照明——飞利浦筒灯

_B_

中庭照明——erco 落地灯

_C_

中庭照明——Adreno 射灯

_D_

丝绸墙照明——飞利浦 Adreno 电子荧光灯

_E_

自然照明——日光

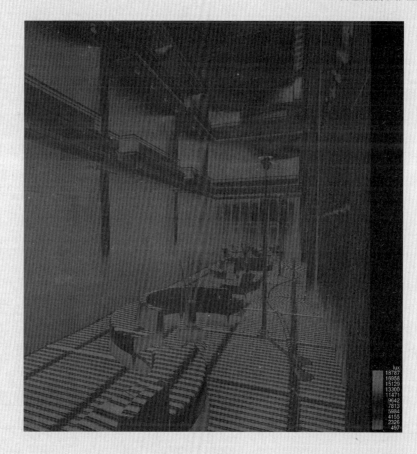

照明模式

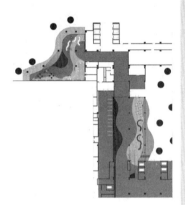

ILLUMINATION

_A_

总体照明——飞利浦筒灯

_B_

墙面照明——飞利浦 Adreno 电子
荧光灯

_C_

问询台照明——飞利浦吸顶灯

_D_

问询台照明——Betacalco 吊灯

_E_

自然照明——日光

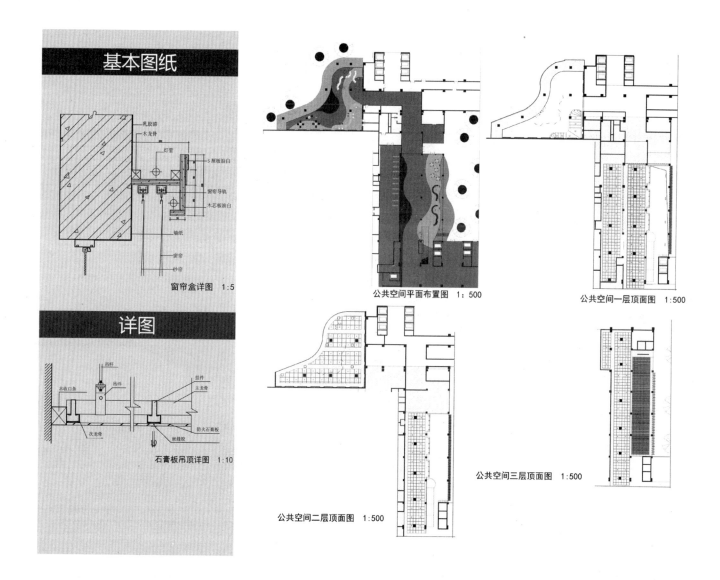

基本图纸

窗帘盒详图　1:5

详图

石膏板吊顶详图　1:10

公共空间平面布置图　1:500

公共空间一层顶面图　1:500

公共空间二层顶面图　1:500

公共空间三层顶面图　1:500

基本图纸

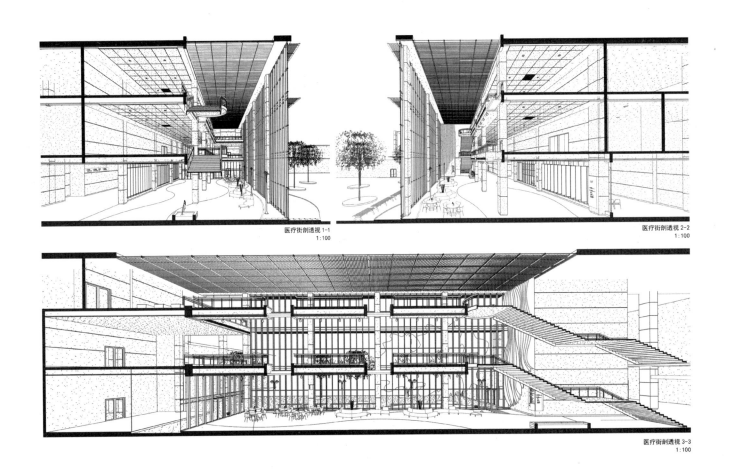

医疗街剖透视 1-1
1：100

医疗街剖透视 2-2
1：100

医疗街剖透视 3-3
1：100

效果图

效果图

效果图

5 | BIM 应用未来展望

BIM 室内设计应用在国内虽然处于起步和启蒙阶段，目前还面临着认识误区、人才缺乏，BIM 资源缺乏等种种困境和难题。但我们也应该清醒地认识到随着智能城市、室内环境互联网和大数据等的快速发展，BIM 应用一旦催生出面向工业 4.0 的室内建筑方法而产生的巨大潜能。

这种新方法将使设计师能根据具体情况进行控制、监管和配置智能建造资源网络和设计建造步骤。室内建筑师再也无需花费大量时间与精力于绘图工作，他们可以更多地关注创新和具有附加值的活动。从而重回行业组织者和领导者的角色，在确保设计建造质量方面起到关键作用。

同时灵活的工作条件也将使他的工作和个人需求能更好地结合起来。新方法具有通过价值网络实现产业链横向集成、工程端到客户端数字集成横跨整个价值链、垂直集成和网络化的制造系统等特征。这些特征是室内建筑师在面对变幻莫测的市场能够取得稳固地位的重要因素，同时使其价值创造活动能适应变化的市场需求，在高度动态的市场中达到快速的、准时的、无故障的设计建造。

以使用者为中心分析问题，解决问题的思考方式及其表达方式将有可能把用户和室内环境的独特特性融入设计、配置、订购、计划、生产、运营和回收阶段。用户甚至可以在建造和运营之前最后阶段提出改变的请求，而这将大大提高设计建造品质和效益。

以 BIM 为支撑平台的模块化设计工作流程将使项目中的所有参与者及资源的高度社会、技术互动成为可能。这包括设计建造全过程以模块化方式实现客户端与工程端之间数字和物理世界的无缝衔接，使智能建造成为现实。智能建造将使不断复杂的建造流程便于管理，并能同时确保设计建造过程的吸引力、生产效益以及建造的可持续性。

参考文献 |

1.（美）斯蒂芬·基兰 詹姆斯·廷伯莱克. 再造建筑：如何用制造业的方法改造建筑业. 何清华等译. 北京：中国建筑工业出版社, 2009.

2. Rethinking Construction-The Egan Report. 1998.

3. Prefab Architecture-A Guide to Modular Design and Construction, by Ryan E. Smith, John Wiley & Sons, inc., 2010.

4. Change by Design:How Design Thinking Transforms Organizations and inspires Innovation, by Tim Brown, Harper Business, 2009.

5. The Building System Interation Handbook, by Richard D. Rush, John Wiley & Sons, 1991.

6. 伦纳德 R. 贝奇曼. 整合建筑——建筑学的系统要素. 梁多林译. 北京：机械工业出版社, 2005.

7. Architecture, Technology and Process, by Chris Abel, Elsevier, 2004.

8. 克里斯·亚伯. 建筑与个性——对文化和技术变化的回应. 张磊等译. 北京：中国建筑工业出版社, 2003.

9. 丁士昭. 建设工程信息化导论. 北京：中国建筑工业出版社, 2005.

10. 赵红红. 信息化建筑设计——Autodesk Revit. 北京：中国建筑工业出版社, 2005.

11. L·本奈沃洛. 西方现代建筑史. 邹德侬等译. 天津：天津科学技术出版社, 1996.

致谢 |

本书的研究内容得到同济大学高密度人居环境生态与节能教育部重点实验室自主课题的资助，同济大学 -Autodesk 可持续设计卓越中心提供了软件支持；同济大学建筑与城市规划学院和建筑系为研究提供了开放、创新的环境，院系领导对研究工作给予了极大的支持；研究过程中，笔者所在的室内设计学科组同事们对 BIM 教学尝试提供了大量宝贵意见和建议；建筑系姚栋老师为首次 BIM 室内课程设计尝试提供了亟需的建议和帮助；室内设计方向的学生们作出了非常大的贡献，其中，黄舒怡、魏力曼、王伟侨、薛洁楠、王唯渊、张辰同学提供了 BIM 课程设计作业作为本书的设计案例，王唯渊同学为本书封面、正文及标题页进行了排版设计，并承担了审稿后的绝大部分修订工作，薛洁楠、张辰同学分担了各自案例的修订工作。

2006 年，笔者有幸参与了吴志强教授领衔的数字世博课题，零距离接触到了包括 BIM 技术在内的众多新技术和新理念，为日后的 BIM 室内设计研究打下了坚实的基础，之后，在 BIM 教学尝试过程中又得到了吴教授的关心、鼓励和指导。

沈振清先生领衔的深圳中用建筑为首次 BIM 室内设计教学尝试给予了 BIM 技术支持，黄少辉建筑师的持续在线答疑解惑帮助同学们少走了许多弯路，保障了教学尝试的成功。

武峰先生、王深冬女士领衔的峰和设计为之后的各次 BIM 室内设计教学提供了许多的帮助，峰和 BIM 组的钟瑜乐、庞凯天等设计师在繁忙的工作中挤出大量时间使同学们获得了不可或缺的 BIM 技术支持与服务。

中国建筑工业出版社朱象清先生的审稿工作精细到了每个标点符号和每幅图的每个细节，其敬业精神和严谨学风令人钦佩和敬仰。

美国建筑师学会资深会员潘甡先生（Solomon Pan，FAIA）毫无保留地将他和伙伴们共同创立的事务所赖以取得卓越成就的理性设计理念和方法手把手地传授给同济师生，这些理念与方法对扫清设计方法研究与教学实践中的种种疑惑多有帮助。潘先生多年来持续的关心、鼓励和支持也大大增强了笔者探索的勇气和信心。

还有许多未能一一列出的有识之士提供了各方面的建议与帮助。

在此，一并表达深深的谢意！